可灵AI视频与AI绘画技巧大全

龙飞◎编著

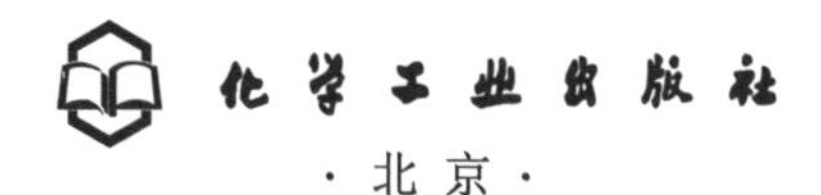

·北京·

内 容 简 介

本书深入探索了可灵AI的革新力量，通过14章深度专题、80多个实战案例，配套110分钟教学视频加430张高清图片详解，以及160页PPT课件，带你从AI视频与绘画的新手快速成长为创作高手。一键生成视频、智能调色、灵魂出窍特效，可灵AI以前所未有的便捷，将你的想象力转化为视觉盛宴。

书中精心编排的案例横跨人像、风光、动物、植物及商品，覆盖艺术插画、AI摄影、影视制作、动画短片和电商广告等多个领域。不仅教你如何操作，更引导你举一反三，理解可灵AI应用背后的创意逻辑，让你的每一个想法都能以最震撼的方式呈现出来。

通过本书，你将学习到如何利用AI将老照片复活为动态视频，甚至让一只熊猫变身为大厨。这不仅是一本书，更是一把钥匙，打开通往未来创作的大门。

无论你是视频制作新手，还是绘画爱好者，本书都将是你理想的伴侣，助你在AI艺术创作的道路上一往无前!

图书在版编目(CIP)数据

可灵AI视频与AI绘画技巧大全 / 龙飞编著. -- 北京 : 化学工业出版社, 2025. 4. -- ISBN 978-7-122-47400-1

Ⅰ. TP317.53

中国国家版本馆CIP数据核字第2025QQ7079号

责任编辑：李　辰　孙　炜　　封面设计：王晓宇
责任校对：宋　夏　　装帧设计：盟诺文化

出版发行：化学工业出版社（北京市东城区青年湖南街13号　邮政编码100011）
印　　装：北京瑞禾彩色印刷有限公司
710mm×1000mm　1/16　印张13　字数261千字　2025年4月北京第1版第1次印刷

购书咨询：010-64518888　　售后服务：010-64518899
网　　址：http://www.cip.com.cn
凡购买本书，如有缺损质量问题，本社销售中心负责调换。

定　　价：79.80元

前言

PREFACE

◎ 写作驱动

在数字艺术的浪潮中，每个梦想家都渴望将心中的异想世界呈现在世人面前。但技术的壁垒、时间的枷锁、资源的重负，是否曾让你的创意之火黯然失色？本书正是为你而来，它不仅是一本教程，更是一把打开创意宝库的金钥匙。

忘掉那些令人望而却步的复杂软件，抛却那些耗时耗力的传统流程。可灵AI——快手旗下的革命性工具，以其超高画质、精准的运动控制、真实的物理模拟，以及无与伦比的创新能力，将你的每一个灵感瞬间转化为令人惊叹的视觉盛宴。它让视频制作的门槛降低，让绘画创作变得随心所欲。

本书深度剖析了创作者在数字艺术创作中的核心痛点，并提供了可行性的解决方案。从技术门槛到创意转化，从个性化内容制作到跨平台操作，每一章都旨在点燃你的创作激情，释放你的艺术天性。我们相信，AI不仅是技术的革新，更是艺术表达的新语言。

◎ 本书特色

1. AI技术应用：本书深入讲解可灵AI技术在视频和绘画领域的应用，让读者掌握如何通过可灵AI将创意快速转化为视觉作品。

2. 实战案例丰富：提供了大量实用的实战案例，每个案例都有详细的步骤说明，使读者能够通过实践学习如何有效地使用AI工具。

3. 全流程指导：从基础知识到高级技巧，从灵感构思到最终成品，本书提供了全方位的指导，确保读者在每个创作阶段都能获得必要的支持。

4. 跨平台操作：介绍了在不同平台（手机版和网页版）上的应用方法，使读者能够根据自己的喜好和需求选择合适的创作工具。

5. 紧跟时代潮流：随着AI技术的不断进步，本书确保内容的前瞻性和实用性，帮助读者掌握最新的AI创作技巧，保持竞争力。

◎ 特别提醒

1. 版本更新：在编写本书时，是基于当前可灵AI手机版、可灵AI网页版和剪映电脑版的实际操作图，书中涉及的可灵AI平台为网页版，快影App为6.62.0.662006版，剪映电脑版为5.9.0。虽然在编写的过程中，是根据界面或网页的实际操作截图，但书从编辑到出版需要一段时间，在此期间，这些工具或网页的功能和界面可能会有变动，请在阅读时，根据书中的思路，举一反三，进行学习。

2. 关于会员功能：有的工具软件的部分功能，需要开通会员才能使用，虽然有些功能有免费的次数可以试用，但是开通会员之后，就可以无限使用或增加使用次数。对于AI短视频的深度用户，建议开通会员，这样就能使用更多的功能和得到更多的玩法体验。

3. 提示词的使用：在利用AI技术生成内容时，即使是相同的文字描述和操作指令，AI每次生成的效果也不会完全一样，因此在通过本书进行学习时，请读者注意实践操作的重要性。

在进行创作时，需要注意版权问题，应当尊重他人的知识产权。另外，读者还需要注意安全问题，应当遵循相关法律法规和安全规范，确保作品的安全性和合法性。

◎ 资源获取

如果读者需要获取书中案例的素材、提示词、效果和PPT，请使用微信“扫一扫”功能按需扫描下列对应的二维码即可。

扫码加入读者群

扫码看视频教程（样例）

◎ 作者服务

本书由龙飞编著，参与编写的人员有高彪等人，提供素材和拍摄帮助的人员还有向小红等人，在此表示感谢。由于作者知识水平有限，书中难免有疏漏之处，恳请广大读者批评、指正，沟通和交流请联系微信：2633228153。

AI视频篇

综合实战篇

AI 视频篇

第1章　可灵AI视频快速入门

许多人之所以想要使用可灵AI，主要是因为它拥有强大的视频制作能力。利用可灵AI，用户可以快速制作出AI视频，将自己的想法具象化。为了帮助大家快速了解可灵AI和AI视频的相关知识，本章将重点对相关的入门知识进行讲解。

1.1 初步认识可灵 AI

很多人是在看到利用可灵AI制作的视频效果之后，主动成为可灵AI平台的用户的。他们更多的是对AI视频的制作比较感兴趣，而对可灵AI的了解却是比较有限的。本节将为大家讲解可灵AI的基础知识，让大家对可灵AI有一个初步的了解，为使用可灵AI做好准备。

1.1.1 什么是可灵AI

扫码看教学视频

可灵（Kling）AI是快手科技自研的一款视频生成大模型，它代表了当前AI视频技术的领先水平。这款大模型具备强大的视频生成能力，能够根据用户输入的文本或图片，快速生成高质量的图片或视频内容。

除了基础的视频和图片生成功能，可灵AI还推出了运镜控制、首尾帧等新功能，进一步提升了视频创作的灵活性和专业性。用户可以通过可灵AI的运镜控制功能，实现视频画面的精准运动，创造出更具视觉冲击力的作品。同时，首尾帧功能则允许用户对视频的首帧和尾帧进行精细控制，确保视频内容的连贯性和完整性。

自发布以来，可灵AI迅速吸引了大量用户的关注和使用，成为AI视频领域的热门产品之一。它不仅在技术上实现了突破和创新，还为用户提供了便捷、高效的视频创作工具，推动了视频内容的多样化和创新发展。未来，随着技术的不断进步和应用场景的不断拓展，可灵AI有望为用户带来更多惊喜和便利。

1.1.2 可灵AI的工具准备

扫码看案例效果(1)

扫码看案例效果(2)

在使用可灵AI生成视频和图片之前，用户需要先准备好可灵AI的相关工具。具体来说，要使用可灵AI手机版，需要下载快影App并登录账号；要使用可灵AI网页版，则需要打开可灵AI平台的官网并登录账号，下面就来具体讲解。

1. 快影App的下载和登录

可灵AI手机版属于快影App的一部分，要使用可灵AI手机版，需要先下载并登录快影App，下面介绍具体的操作步骤。

步骤 01 打开手机，点击手机桌面上的“软件商店”图标，如图1-1所示。

步骤 02 在软件商店的搜索框中输入“快影”进行搜索，点击“快影”右侧的“安装”按钮，如图1-2所示，进行App的安装。

步骤 03 App下载安装完成后，“安装”按钮会变成“打开”按钮，点击“打开”按钮，如图1-3所示。

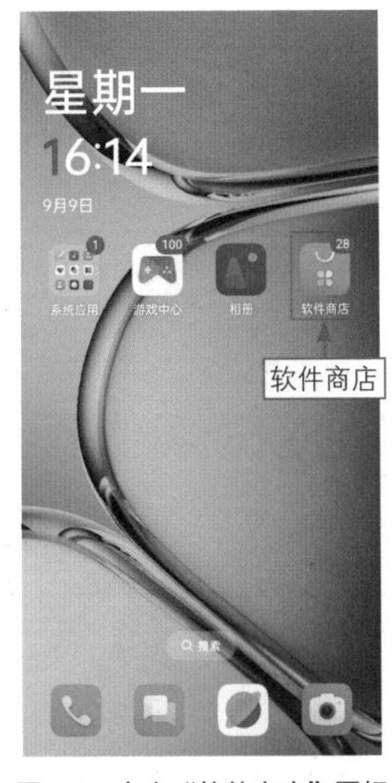

图 1-1　点击“软件商店”图标

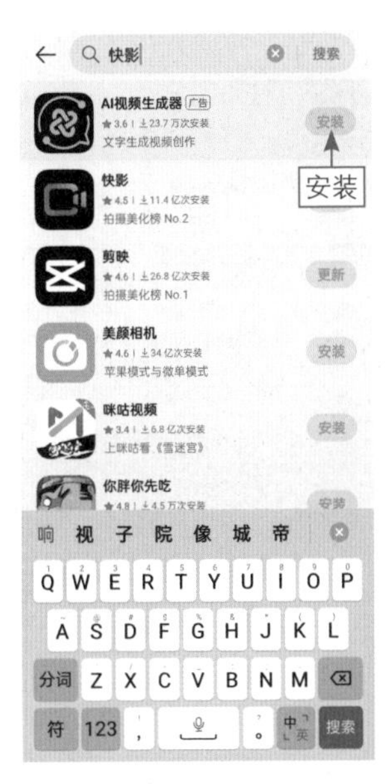

图 1-2　点击“安装”按钮

图 1-3　点击“打开”按钮

步骤 04 进入快影App，弹出“用户协议及隐私政策”面板，点击该面板中的“同意并进入”按钮，如图1-4所示。

步骤 05 进入快影App的“剪辑”界面，点击界面中的“我的”按钮，如图1-5所示，进行界面的切换。

步骤 06 进入“我的”界面，选中相应的复选框，点击“使用快手登录”按钮，如图1-6所示，进行账号的登录。

步骤 07 在弹出的“‘快影’想要打开‘快手’”面板中，点击“打开”按钮，如图1-7所示。

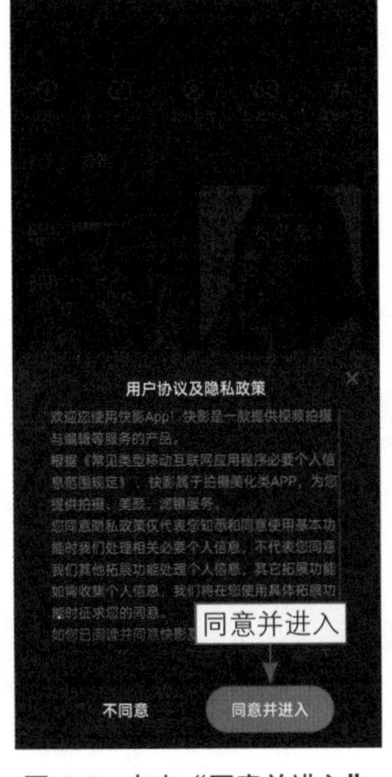

图 1-4　点击“同意并进入”按钮

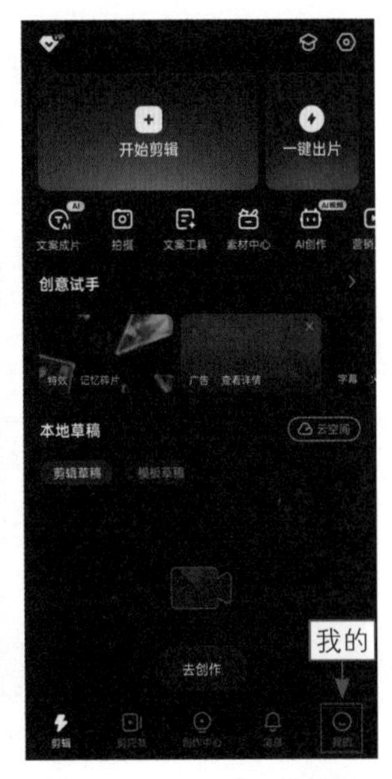

图 1-5　点击“我的”按钮

步骤 08 跳转至快手App的相关界面，进行账号的登录。如果“我的”界面中显示账号的相关信息，就说明账号登录成功了，如图1-8所示。

图 1-6 点击“使用快手登录”按钮

图 1-7 点击“打开”按钮

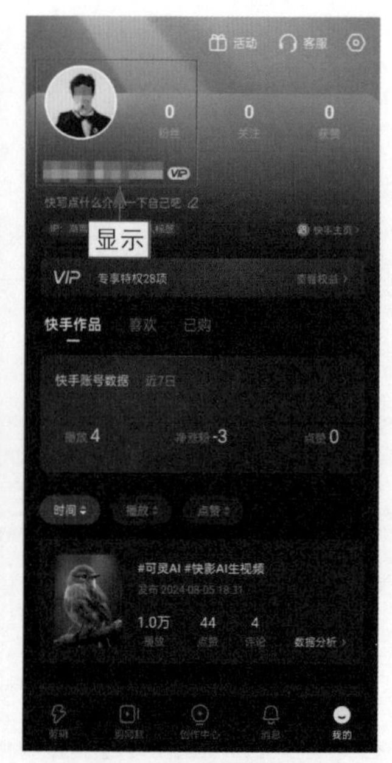

图 1-8 账号登录成功

2. 可灵AI平台的查找和账号登录

用户要使用可灵AI网页版，需要先打开可灵AI的官网，然后进行账号的登录，下面讲解具体的操作步骤。

步骤 01 在浏览器（如百度浏览器）中输入“可灵AI”，单击“百度一下”按钮，如图1-9所示，进行网站的搜索。

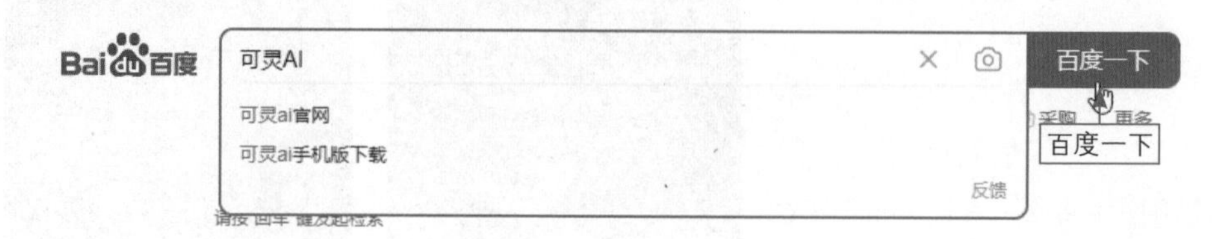

图 1-9 单击“百度一下”按钮

步骤 02 执行操作后，百度会根据输入的内容进行搜索，单击搜索结果中可灵AI官网的对应链接，如图1-10所示。

步骤 03 进入可灵AI平台的“首页”页面，单击页面右上方的“登录”按钮，如图1-11所示，进行账号的登录。

图 1-10　单击可灵 AI 的官网链接

图 1-11　单击“登录”按钮

步骤 04 弹出“欢迎登录”对话框，在该对话框中可以通过手机或扫码进行登录。以手机登录为例，用户只需输入手机号码和验证码，并单击“立即创作”按钮，如图1-12所示，即可登录可灵AI的账号。

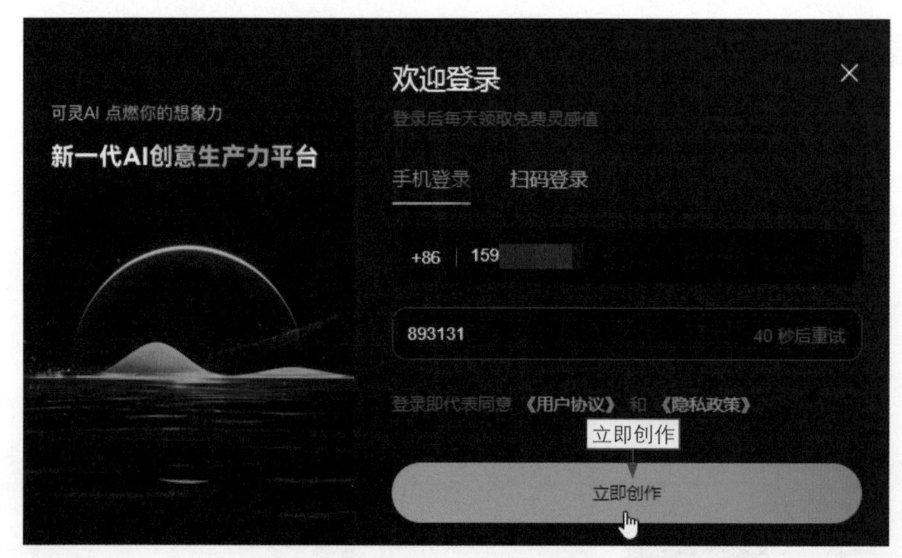

图 1-12　单击“立即创作”按钮

1.1.3　可灵AI平台的页面布局

扫码看教学视频

准备好可灵AI工具之后，用户还需要对可灵AI平台的页面（或界面）布局有所了解。下面就来分别讲解可灵AI手机版所在的App（即快影App）的界面布局和可灵网页版（即可灵AI平台）的页面布局。

1. 快影App的界面布局

因为可灵AI手机版属于快影App的一部分，所以在使用可灵AI手机版时，用户需要对快影App的界面布局有所了解。快影App的界面设计简洁明了，用户可以快速上手并找到所需的功能。下面介绍快影App“剪辑”界面的布局情况，如图1-13所示。

❶ 主推功能：该区域中重点为用户展示了“开始剪辑”和“一键出片”这两个快影App主推的功能。使用“开始剪辑”功能，可以对上传的素材文件进行剪辑处理；使用“一键出片”按钮，则可以将上传的素材文件进行整合，快速生成一条完整的视频。

❷ 视频创作：该区域中有许多视频创作功能，如一键出片、AI创作、营销成片、音乐MV、游戏大片等，覆盖了从快速成片到专业创作、从个人娱乐到商业营销等多种需求，为用户提供了全面、便捷的视频创作体验。

❸ 创意试手：该区域中展示了快影App推出的一些创意功能，用户可以点击对应的按钮，使用对应的创意功能进行内容创作。

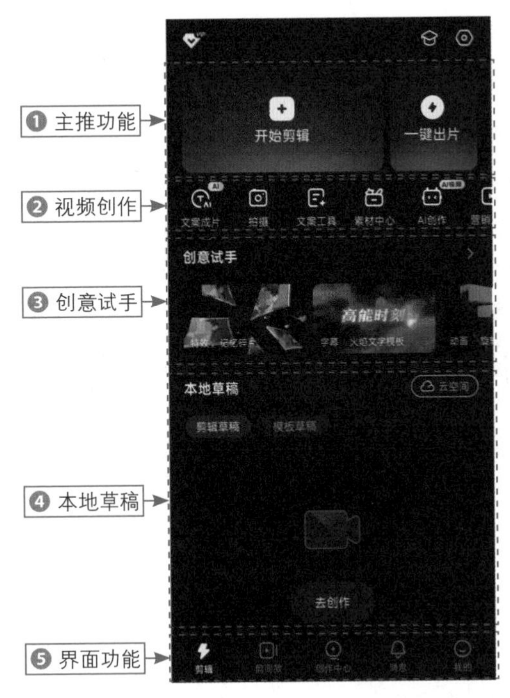

图 1-13　“剪辑”界面的布局情况

❹ 本地草稿：该区域分“剪辑草稿”和“模板草稿”两个选项卡展示本地的草稿。用户不仅可以查看并编辑草稿内容，还可以点击“去创作”按钮，进行内容的创作。

❺ 界面功能：界面底部有一排按钮，包含快影App的常用功能，如“剪辑”“剪同款”“创作中心”“消息”“我的”，单击相应的按钮，即可进入相应的界面进行操作。

2. 可灵AI平台的页面布局

可灵AI平台是一个便捷、高效且功能丰富的视频生成平台，用户无须下载和安装任何客户端，即可直接使用该平台的各项功能，这无疑极大地提高了创作效率。无论是生成图片还是视频，可灵AI都能够提供高质量的内容输出，满足用户的多样化需求。“可灵AI”页面中各主要功能模块如图1-14所示。

下面对“可灵AI”页面中的各主要功能进行相关讲解。

❶ 常用功能：在页面左侧的侧边栏中，清晰地列出了可灵AI的主要功能，使网页能够以一种有序、结构化的方式展示其内容，帮助用户快速定位到自己想要访问的页面或功能。用户只需选择相应的选项，即可跳转到对应的页面，极大地提高了浏览效率。

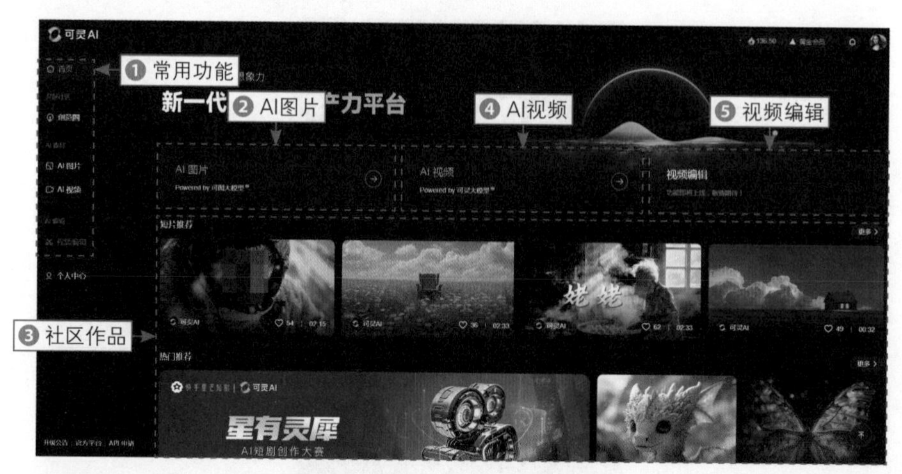

图 1-14 “可灵 AI”页面

❷ AI图片：使用该功能，用户只需输入提示词或上传图片，即可让可灵AI平台生成相关的图片

❸ 社区作品：该区域主要用来展示平台中其他用户发布的优秀作品，“短片推荐”板块中的作品可以用来欣赏，而“热门推荐”板块中的作品，则可以单击相应作品下方的“一键同款”按钮，快速生成与原作品相似的视频或图片效果，大大节省了用户的时间和精力。

❹ AI视频：使用该功能，用户可以通过文本生成视频（文生视频）或通过图片生成视频（图生视频）。可灵AI支持5秒和10秒两种时长的视频生成，生成的视频在动态和人物动作一致性方面表现不错。

❺ 视频编辑：使用该功能，允许用户对视频进行相关的编辑操作。具体的操作方法，还需要等该功能上线之后才知道。

1.1.4 可灵AI的主要功能

扫码看教学视频

可灵AI的核心功能主要有5种，即“文生图”“图生图”“文生视频”“图生视频”“视频续写”。本节就来分别讲解，帮助用户快速了解可灵AI的主要功能。

1. “文生图”功能

“文生图”就是通过输入文本信息（即提示词）来生成相关的AI图片。具体来说，进入可灵AI平台的“AI图片”页面之后，用户只需在文本框中输入文本信息，对图片的生成比例和生成数量进行设置，并单击“立即生成”按钮，即可生成对应的AI图片。

在可灵AI平台中生成图片或视频时，都是需要花费灵感值（可灵AI平台中的虚拟流通货币，可以通过每日赠送、购买会员和充值购买获得）的。直接使用文本信息生成图片时，每生成一张图片需要花费0.20灵感值，如图1-15所示。

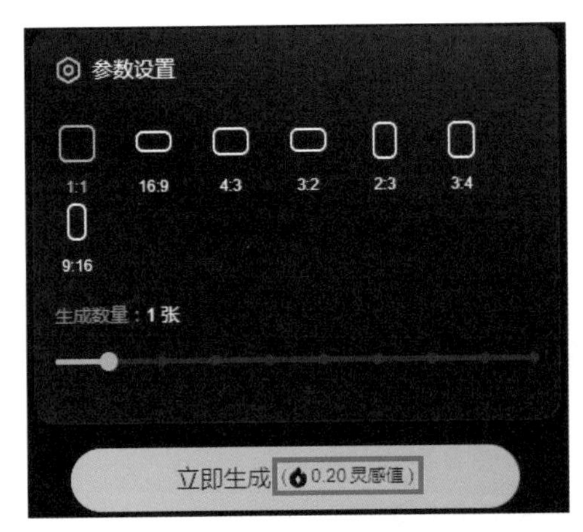

图 1-15　可灵 AI 平台使用文本信息生成一张图需要消耗的灵感值

2. “图生图”功能

“图生图”就是将事先准备好的图片上传至可灵AI平台中，让可灵参考上传的图片，生成相关的AI图片。具体来说，用户进入可灵AI平台的“AI图片”页面之后，上传参考图，在文本框中输入文本信息，对图片的生成比例和生成数量进行设置，并单击“立即生成”按钮，即可生成对应的AI图片。

在使用参考图生成图片时，每生成一张图片需要花费0.30灵感值。相比于“文生图”，“图生图”生成图片消耗的灵感值要多一些，但是“图生图”生成的AI图片效果往往更可控。

★ 专家提醒 ★

在使用“图生图”功能生成 AI 图片时，用户不仅要上传参考图，还要输入提示词，描述图片内容。如果没有输入提示词，那么“立即生成”按钮将不会亮起，也就是说，此时将无法进行 AI 图片的生成。

3. “文生视频”功能

“文生视频”就是通过输入文本信息来生成相关的AI视频。具体来说，用户进入可灵AI手机版和网页版的“文生视频”页面（或界面）之后，只需在文本框中输入文本信息，对视频的生成信息进行设置，并单击“立即生成”按钮，即可生成对应的AI视频。

使用“文生视频”功能生成的视频可以分为两种，即高性能（或标准）视频和高表现（或高品质）视频。其中，高性能视频生成的速度更快，而高表现视频的画面质量更好。另外，生成这两种视频消耗的灵感值也有所不同。具体来说，生成5秒的高性能视频需要消耗10灵感值，生成5秒的高表现视频则需要消耗35灵感值。

4. “图生视频”功能

“图生视频”就是将事先准备好的图片上传至可灵AI平台中，让可灵AI平台参考上传的图片，生成相关的AI视频。具体来说，用户进入可灵AI手机版和网页版的“图生视频”页面（或界面）之后，只需上传图片素材，对视频的生成信息进行设置，并单击“立即生成”按钮，即可生成对应的AI视频。

使用“图生视频”功能同样可以生成高性能视频或高表现视频，并且消耗的灵感值和“文生视频”是一样的。

5. “视频续写”功能

“视频续写”就是在原有视频的基础上，对视频的时长进行延长，使视频的内容得以延续。在可灵AI手机版和网页版中都可以对视频进行续写，续写内容消耗的灵感值与原视频的类型相关。如果原视频是高性能视频，那么视频续写一次需要消耗10灵感值；如果原视频是高表现视频，那么视频续写一次需要消耗35灵感值。

利用可灵AI的“视频续写”功能，每次可以将视频延长4.5秒。截至2024年9月，通过多次延长操作，用户在可灵AI平台中可以制作的视频长度已达到了3分钟左右。用户可以根据自身需求，对视频进行多次续写，将短视频变为中视频。

1.2 快速了解 AI 视频

AI视频是数字化艺术的新形式，为艺术创作提供了新的可能。那么，什么是AI视频呢？它有哪些技术原理与用途呢？本节将从这些问题出发，介绍AI视频，让大家快速了解AI视频的相关知识。

1.2.1 什么是AI视频

扫码看案例效果

扫码看教学视频

在数字时代的浪潮中，视频内容已成为信息传播和娱乐产业的核心驱动力。AI视频指的是利用人工智能技术生成相应的视频内容，包括动画、模拟场景等，这种技术基于深度学习模型，如生成对抗网络（Generative Adversarial Networks，GANs）、3D建模和渲染等，用户只需要输入相应的提示词，即可生成一条符合要求的AI视频作品。图1-16所示为使用可灵AI平台制作的AI视频效果。

图 1-16　使用可灵 AI 平台制作的 AI 视频效果

★ 专 家 提 醒 ★

使用可灵 AI 手机版和网页版生成的视频都是没有任何声音的，因此，为了提升视频的整体效果，用户通常需要通过剪辑软件给视频添加合适的背景音乐。

1.2.2　生成AI视频的技术原理

扫码看教学视频

AI视频的生成利用了各种先进技术，它通过理解和模拟视频内容的各种特征和场景，如物体、动作、场景等，实现了自动化的视频创作过程。下面主要介绍生成AI视频的相关技术原理，让大家对生成AI视频的技术原理有所了解。

1. 自然语言理解

AI视频生成模型对输入的复杂文本具有理解能力，通过先进的自然语言理解算法，能够深入理解复杂的文本内容，并将其转化为指导视频生成的关键信息和描述，从而生成高质量的视频内容，相关分析如图1-17所示。

理解复杂的文本 → AI 视频生成模型具备先进的自然语言理解算法，能够处理输入的复杂文本，可以理解复杂的语义和有细微差别的文本描述

提取关键信息、主题和视觉描述 → 在分析文本内容时，AI 视频生成模型能够准确提取文本中的关键信息、主题，以及与视频生成相关的视觉描述内容，这些信息和描述包括提示词、主要场景、视觉元素等

指导视频的生成过程 → AI 视频生成模型利用从文本中提取出来的关键信息和视觉描述来指导视频生成过程，这些信息用于确定视频内容的主题、场景设置、角色动作等，从而确保生成的视频与原始文本描述一致

图 1-17　可灵 AI 自然语言理解的相关分析

2. 场景合成和渲染

AI视频模型通过理解输入的文本，并利用人工智能驱动的场景合成算法，将文本描述转化为连贯的视频内容。这一过程涉及文本理解、场景合成、布局视觉元素和渲染场景等环节，最终生成符合用户预期的视频，如图1-18所示。

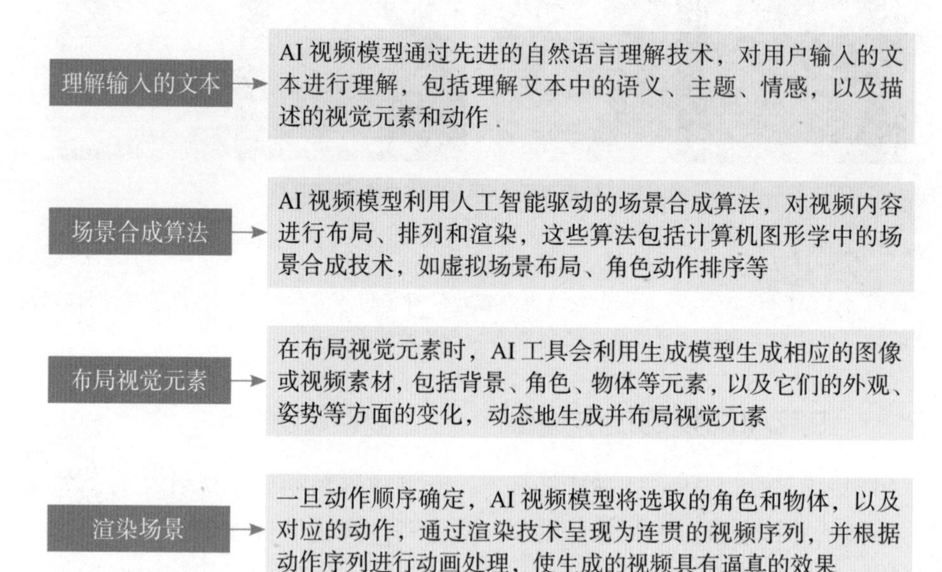

图 1-18　场景合成和渲染

3. 人工智能驱动的动画

AI视频模型能够利用人工智能驱动的动画技术，生成自然、生动的动态元素和角色动作，从而为生成的视频增添活力和真实感，相关分析如图1-19所示。

动作生成	→	基于文本理解，AI 视频模型利用机器学习算法，如生成对抗网络或强化学习，在训练过程中学习并模仿现实世界中的动作和行为，生成自然、流畅的动作效果
上下文考虑	→	在生成动作时，AI 视频模型会考虑文本提供的上下文信息，例如场景背景、角色关系、情感状态等，确保生成的动作和行为与场景和情境相匹配，增强视频的连贯性和真实感
动画生成	→	AI 视频模型将生成的动作应用于相应的角色中，通过动画技术将它们呈现为连贯的动画序列，使动画具有逼真的效果

图 1-19　人工智能驱动的动画技术

1.2.3　AI视频的主要用途

扫码看教学视频

近年来，AI视频生成技术取得了显著的发展，其主要用途和应用场景也在不断扩展。以下是AI视频的一些主要用途。

1. 内容创作

AI视频生成技术可以用来创造全新的视频内容，包括动画、特效等，这在电影、游戏和广告制作中尤为突出。例如，AI可以根据文本描述自动生成视频场景，大大提高了内容创作的效率和创新性。

2. 教育培训

在教育领域，AI视频生成技术可以用来制作教学视频，提供模拟实验和虚拟场景，增强学习体验。例如，医学生可以通过AI生成的手术视频来学习和练习。

3. 营销和广告

AI视频生成技术可以用于生成个性化的广告视频，通过分析消费者的行为数据，可以自动创建多个广告版本，提高广告的相关性和效果。

4. 媒体和娱乐

AI视频技术在媒体和娱乐领域中的应用正彻底改变内容创作、分发和消费的方式，它不仅能够自动生成和编辑视频内容，提高制作效率，还能通过深度学习分析用户的行为和偏好，实现个性化内容推荐。

同时，AI视频生成技术也在虚拟现实、增强现实体验中发挥着关键作用，为用户带来沉浸式的娱乐体验，推动了整个媒体和娱乐行业的创新与发展。

1.3 AI视频提示词的设置技巧

在利用可灵AI制作视频的过程中，提示词扮演着至关重要的角色。提示词不仅是视频内容的蓝图，更是AI理解用户意图和创作方向的关键。提示词的准确性、创造性和情感表达，直接影响着视频的质量和感染力。用户在输入提示词时，应该尽量清晰、具体，同时富有想象力。本节就来为大家介绍AI视频提示词的设置技巧。

1.3.1 描述视频的主体

扫码看案例效果

扫码看教学视频

【效果展示】：在视频创作的世界里，每个场景都是一个独立的故事，由一个或多个核心元素——主体来驱动。主体和主题是相互依存的，一个有力的主体可以帮助表达和强化主题，而一个深刻的主题可以提升主体的表现力。在可灵AI平台中通过描述主体信息生成的视频效果如图1-20所示。

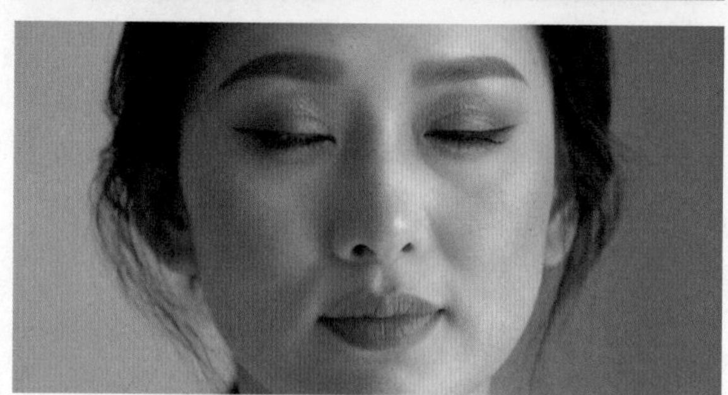

图1-20 在可灵AI平台中通过描述主体信息生成的视频效果

下面就来为大家介绍在可灵AI平台中通过描述主体信息生成视频的具体操作步骤。

步骤 01 进入可灵AI平台的“首页”页面，单击页面左侧导航栏中的“AI视频”按钮，如图1-21所示。

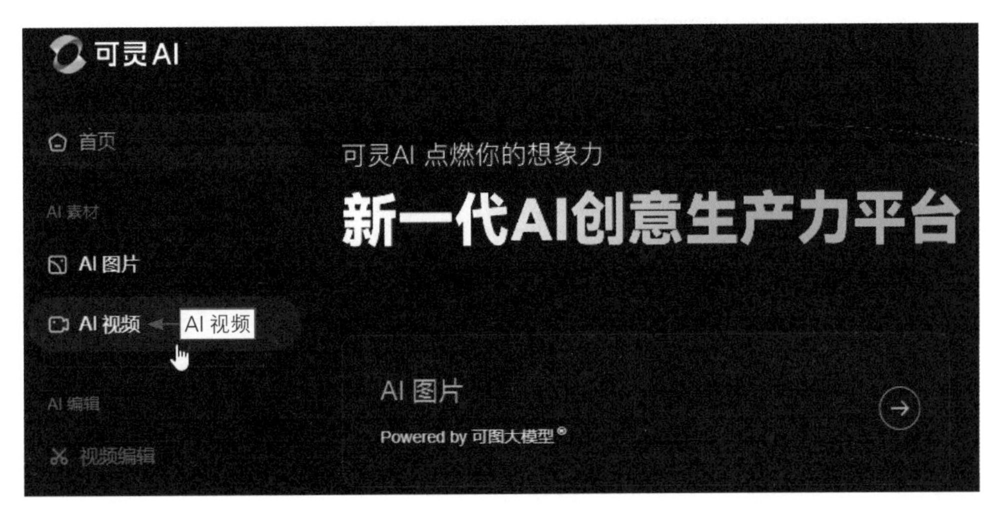

图 1-21　单击“AI 视频”按钮

步骤 02 进入“AI视频”页面的“文生视频”选项卡，在“创意描述”文本框中输入提示词，如图1-22所示，对主体信息进行描述。

步骤 03 滚动鼠标滚轮，设置生成视频的参数，单击“立即生成”按钮，如图1-23所示，进行视频的生成。

图 1-22　在“创意描述”文本框中输入提示词

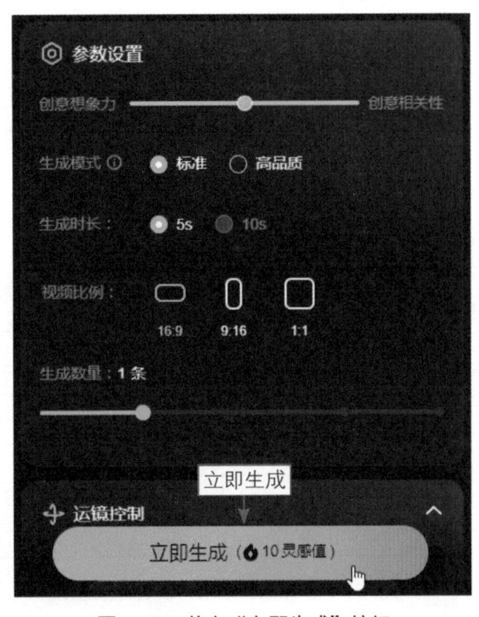

图 1-23　单击“立即生成”按钮

步骤 04 执行操作后，即可根据输入的提示词和设置的参数，生成一条相关的视频，如图1-24所示。

图 1-24　生成一条相关的视频

主体不仅能够为视频注入灵魂，还为观众提供了视觉焦点和产生情感共鸣的源泉。表1-1所示为常见的视频主体（或主题）示例。

表 1-1　常见的视频主体（或主题）示例

类　别	视频主体（或主题）示例
人物	名人、模特、演员、公众人物
动物	宠物（猫、狗）、野生动物、地区标志性动物
自然景观	山脉、海滩、森林、瀑布
城市风光	城市天际线、地标建筑、街道、广场
交通工具	汽车、飞机、火车、自行车、船只
食物和饮料	美食制作过程、餐厅美食、饮料调制
产品展示	电子产品、时尚服饰、化妆品、家居用品
教育内容	教学视频、讲座、实验演示、技能培训
娱乐和幽默	搞笑短片、喜剧表演、魔术表演
运动和健身	体育赛事、健身教程、运动员训练
音乐和舞蹈	音乐视频、现场演出、舞蹈表演
艺术和文化	艺术作品展示、文化节庆、历史遗迹介绍
游戏和电子竞技	电子游戏玩法、电子竞技比赛、游戏评测
抽象和概念	表达抽象概念的视觉元素
商业和广告	商业宣传、广告、品牌推广
旅行和探险	旅行日志、探险活动、文化体验

上述这些主体（或主题）不仅丰富了视频内容，也为用户提供了广阔的创作空间。通过巧妙地结合这些主体（或主题），用户可以构建出多样化的视频场景，讲述各种引人入胜的故事，满足不同观众的期待和喜好。

1.3.2　描述视频的场景

扫码看案例效果

扫码看教学视频

【效果展示】：在生成AI视频的提示词中，用户可以详细地描绘一个特定的场景，不仅包括场景的物理环境，还涵盖了情感氛围、色彩调性、光线效果及动态元素。通过精心设计的提示词，AI能够生成与用户构想相匹配的视频内容，效果如图1-25所示。

图1-25　在可灵AI平台中通过描绘特定场景生成的视频效果

下面就来为大家介绍在可灵AI平台中通过描述场景信息生成视频的具体操作步骤。

步骤01 进入"AI视频"页面的"文生视频"选项卡，在"创意描述"文本框中输入提示词，如图1-26所示，对特定场景进行描绘。

步骤02 滚动鼠标滚轮，设置生成视频的参数，单击"立即生成"按钮，如图1-27所示，进行视频的生成。

图1-26　在"创意描述"文本框中输入提示词

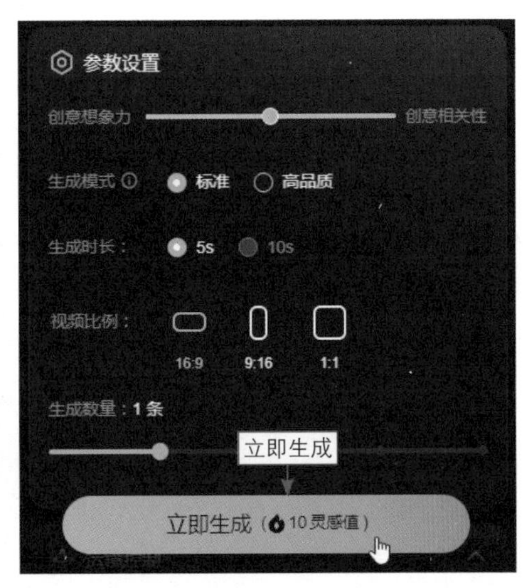

图1-27　单击"立即生成"按钮

步骤 03 执行操作后，即可根据输入的提示词和设置的参数，生成一条相关的视频，如图1-28所示。

图 1-28　生成一条相关的视频

1.3.3　指定视觉的细节元素

扫码看案例效果

扫码看教学视频

【效果展示】：在生成AI视频的过程中，提示词是引导AI理解和创作视频内容的关键。精心构建的视觉细节至关重要，它们能够为AI提供丰富的信息，帮助其精确捕捉并重现用户心中的场景、人物或物体。在可灵AI平台中指定视觉细节生成的视频效果如图1-29所示。

图 1-29　在可灵 AI 平台中指定视觉细节生成的视频效果

下面就来为大家介绍在可灵AI平台中指定视觉细节生成视频的具体操作步骤。

步骤 01 进入“AI视频”页面的“文生视频”选项卡，在“创意描述”文本框中输入提示词，滚动鼠标滚轮，设置生成视频的参数，单击“立即生成”按钮，如图1-30所示，进行视频的生成。

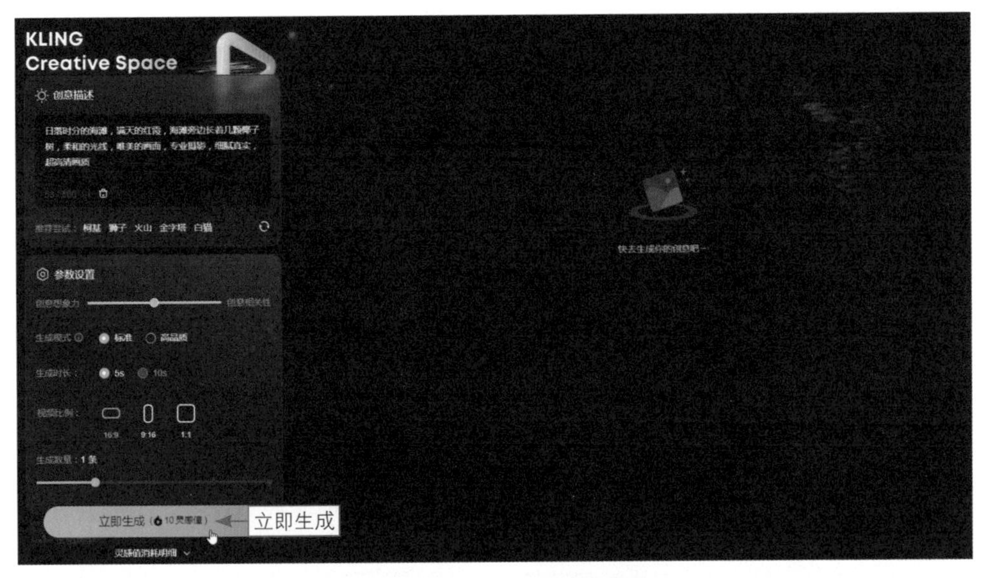

图 1-30　单击"立即生成"按钮

步骤 02 执行操作后，即可根据输入的提示词和设置的参数，生成一条相关的视频，如图1-31所示。

图 1-31　生成一条相关的视频

表1-2所示为一些可以包含在提示词中的视觉细节。通过这些详细的视觉细节提示词，AI能够生成符合用户期望的视频内容，不仅在视觉上吸引人，而且在情感上容易与观众产生共鸣。

表 1-2　提示词中的视觉细节

类别		视觉细节示例
场景特征细节	环境背景	可以是宁静的海滩、繁忙的都市街道、古老的城堡内部或遥远的外星世界
	色彩氛围	描述场景的整体色彩，如温暖的日落色调、冷冽的冬季蓝或充满活力的春天绿
	光线条件	光线可以是柔和的晨光、刺眼的正午阳光或昏暗的室内灯光
人物特征细节	外观描述	包括人物的发型、服装风格、面部特征等
	表情细节	人物的表情可以是快乐、悲伤、惊讶或深思，这些表情将影响人物的情感传达
	动作特点	人物的动作可以是优雅的舞蹈、紧张地奔跑或平静地站立等
物体特征细节	形状和大小	物体可以是圆形、方形或不规则等形状，大小可以是小巧精致或庞大壮观
	颜色和纹理	物体的颜色可以是鲜艳夺目的或柔和淡雅的，纹理可以是光滑、粗糙的或有特殊图案的
	功能和用途	描述物体的功能，如一辆快速的赛车、一件实用的工具或一件装饰艺术品等
动态元素细节	运动轨迹	物体或人物的运动轨迹，如直线移动、曲线旋转或不规则跳跃
	速度变化	运动的速度可以是快速、缓慢或者有节奏地加速和减速

1.3.4　点明视频的艺术风格

扫码看案例效果

扫码看教学视频

【效果展示】：在生成AI视频的过程中，提示词不仅定义了视频的内容和主题，还决定了视频生成的技术和风格，从而影响最终的视觉呈现和观众的感受。在生成AI视频的提示词中，用户可以点明相关的技术和风格，这将极大地增强场景的吸引力和视觉冲击力，效果如图1-32所示。

图 1-32　在可灵 AI 平台中点明技术和风格生成的视频效果

下面就来为大家介绍在可灵AI平台中点明技术和风格生成视频的操作步骤。

步骤 01 进入“AI视频”页面的“文生视频”选项卡，在“创意描述”文本框中输入提示词，指定视频的拍摄技术和风格信息。滚动鼠标滚轮，设置生成视频的参数，单击“立即生成”按钮，如图1-33所示，进行视频的生成。

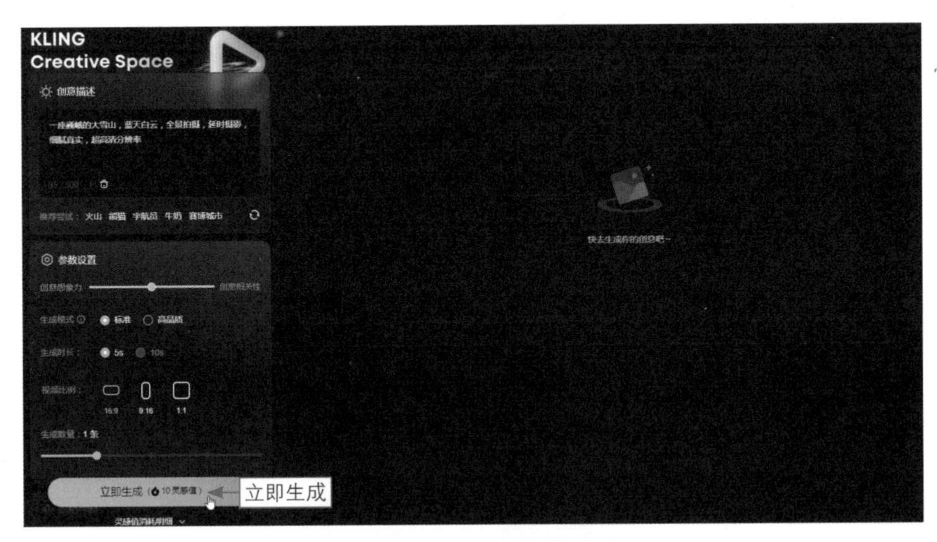

图 1-33　单击“立即生成”按钮

步骤 02 执行操作后，即可根据输入的提示词和设置的参数，生成一条相关的视频，如图1-34所示。

图 1-34　生成一条相关的视频

下面是一些可以用于增强视频吸引力的技术和风格提示词，如表1-3所示。通过这些详细的技术和风格提示词，AI能够生成具有高度创意和专业水准的视频内容，满足用户的艺术愿景，并给观众带来引人入胜的视觉体验。

表 1-3　技术和风格提示词

类别	技术和风格描述示例	
摄影视角和技巧	低相机视角	通过将相机置于低处，创造出宏伟壮观的视觉效果，强调主体的高大和力量
	无人机拍摄	利用无人机从空中捕捉场景，提供宽阔的视角和令人震撼的航拍画面
	广角拍摄	使用广角镜头捕捉更广阔的视野，增强场景的深度和空间感
	高动态范围	通过高动态范围（High Dynamic Range，HDR）技术，增加画面的明暗细节，使色彩更加丰富
分辨率和帧率	高分辨率	指定视频的分辨率，如4K或8K，以确保图像的极致清晰度和细节表现力
	高帧率	设定视频的帧率，如60帧每秒或更高，以获得流畅的动态效果，特别适合动作场面和需要慢动作回放的场景
摄影技术	创意摄影	采用创意摄影技术，比如使用慢动作来强调情感瞬间，或使用延时摄影来展示时间的流逝
	全景拍摄	利用360度全景拍摄技术，为观众提供沉浸式的视频体验，尤其适用于自然景观和大型活动
	运动跟踪	使用运动跟踪摄影技术，捕捉快速移动物体的清晰画面，适用于体育赛事或动作场景
	景深控制	通过控制景深，创造出不同的视觉效果，如浅景深突出主体，或大景深展现环境
艺术风格	3D与现实结合	融合三维（Three Dimensional，3D）动画和实景拍摄，创造出既真实又梦幻的视觉效果
	35毫米胶片拍摄	模仿传统35毫米胶片的质感和色彩，为视频带来复古和文艺的气息
动画风格	动画	采用动画技术，如二维（Two Dimensional，2D）或三维动画，为视频内容增添无限的想象空间和创意表达
特效风格	电影风格	应用电影级别的色彩分级和调色，使视频具有专业和戏剧性的外观
	抽象艺术	使用抽象的视觉元素和动态效果，创造出引人入胜的艺术作品
	未来主义	通过前卫的特效和设计，展现未来世界的科技感和创新精神
后期处理	色彩校正	进行专业的色彩校正，以确保视频色彩的真实性和视觉冲击力，增强情感表达
	特效添加	根据视频内容和风格，添加适当的视觉特效，如粒子效果、镜头光晕或动态背景，以增强视觉效果
	节奏控制	根据视频的节奏和情感变化，运用剪辑技巧，如跳切、交叉剪辑或慢动作重放，以增强叙事动力

1.3.5　描述主体的动作和情感

扫码看案例效果

扫码看教学视频

【效果展示】：在生成AI视频的提示词中，详细描述人物、动物或物体等主体的动作和情感，能够为视频注入生命力，创造出引人入胜的故事。在可灵AI平台中描述主体动作和情感生成的视频效果如图1-35所示。

图 1-35　在可灵 AI 平台中描述主体动作和情感生成的视频效果

下面就来为大家介绍在可灵AI平台中描述主体动作和情感生成视频的具体操作步骤。

步骤 01 进入"AI视频"页面的"文生视频"选项卡，在"创意描述"文本框中输入提示词，对相关的动作和情感进行描述。滚动鼠标滚轮，设置生成视频的参数，单击"立即生成"按钮，如图1-36所示，进行视频的生成。

步骤 02 执行操作后，即可根据输入的提示词和设置的参数，生成一条相关的视频，如图1-37所示。

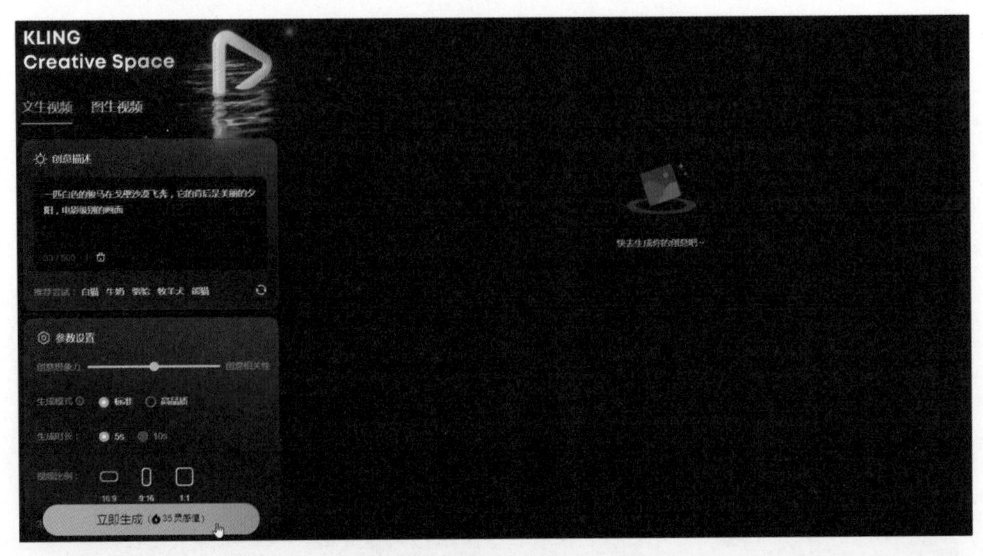

图 1-36　单击“立即生成”按钮

图 1-37　生成一条相关的视频

下面是一些可以包含在提示词中的动作和情感描述，用于丰富视频内容并增强动感，如表1-4所示。通过这些详细的动作和活动描述，AI能够生成具有丰富动态元素的视频，让观众感受到场景的活力和情感。这样的视频不仅可以给人带来视觉的享受，更能引起情感上的共鸣，讲述一个个生动而真实的故事。

表 1-4　提示词中的动作和情感描述

类　别	动作和情感描述示例	
人物动作	行走	人物在繁忙的街道上快步行走，或者在宁静的森林小径上悠闲地漫步
	踏雪	在冬日的雪地中，人物的每一步都留下深深的足迹，呼出的气息在冷空气中形成白雾
	探索	人物以好奇的眼光观察周围的环境，或者在未知的领域小心翼翼地前行
动物活动	奔跑	野生动物在广阔的草原上自由奔跑，展示它们的速度和力量
	觅食	鸟类在森林中轻巧地跳跃，寻找食物，或者鱼儿在水中灵活地游动觅食
	嬉戏	海豚在海浪中欢快地跳跃，或者小狗在草地上互相追逐
物体动态	拍打海浪	海浪不断拍打着岸边的岩石，发出响亮且节奏感强烈的声响
	旋转	山顶的风车在微风中缓缓旋转，或者摩天轮在夜幕下闪烁着灯光
	飘动	旗帜在风中飘扬，或者是落叶在秋风中缓缓飘落
特定活动	跳舞	人物在舞会上随着音乐的节奏优雅地起舞，或是在街头随着节拍自由舞动
	运动	运动员在赛场上挥洒汗水，进行激烈的比赛，或者在健身房中进行力量训练
	工作	工匠在工作室中精心地制作艺术品，或者农民在田野里辛勤地耕作
情感表达	欢笑	孩子们在游乐场上欢笑玩耍，或者朋友们在聚会中开心地交谈
	沉思	人物在安静的图书馆内沉思阅读，或者在夜晚的阳台上凝望星空
情感氛围	情感基调	视频传达的情感可以是温馨、紧张或激励人心
	氛围营造	通过音乐、音效和视觉元素共同营造特定的氛围
环境互动	与自然互动	人物在花园中与蝴蝶共舞、人物在溪水中嬉戏
	与城市互动	人物在城市中穿梭，与不同的建筑和环境互动，体验城市的活力

第2章　文生视频实战技巧

文生视频实际上就是文字驱动的AI视频创作，用户只需在可灵AI平台中输入提示词，描述要生成的视频，并设置视频的生成信息，即可获得相关的AI视频。本章将通过两个具体的案例，为大家介绍利用可灵AI手机版和网页版的“文生视频”功能生成视频的实战技巧。

2.1　可灵 AI 手机版文生视频实战

扫码看案例效果

【效果展示】：可灵AI手机版具有文生视频功能，用户可以在快影App“可灵×快影AI生视频”界面的“文生视频”选项卡中输入提示词，生成相关的AI视频。图2-1所示为可灵AI手机版的文生视频效果。

图 2-1　可灵 AI 手机版的文生视频效果

2.1.1　输入提示词生成视频

扫码看教学视频

在快影App“可灵×快影AI生视频”界面的“文生视频”选项卡中输入提示词，并简单地设置视频的生成信息，即可快速生成一条相关的视频，具体操作步骤如下。

步骤 01 启动快影App，点击“剪辑”界面中的“AI创作”按钮，如图2-2所示，进行界面的切换。

步骤 02 进入“AI创作”界面，点击该界面“AI生视频”板块中的“生成视频”按钮，如图2-3所示，启用可灵AI的“AI生视频”功能。

步骤 03 进入“可灵×快影AI生视频”界面的“文生视频”选项卡，点击“文字描述”下方的文本框，如图2-4所示。

步骤 04 在文本框中输入提示词，如图2-5所示，对视频内容进行描述。

步骤 05 滑动界面，设置视频质量、视频时长和视频比例等，点击“生成视频”按钮，如图2-6所示，进行视频的生成。

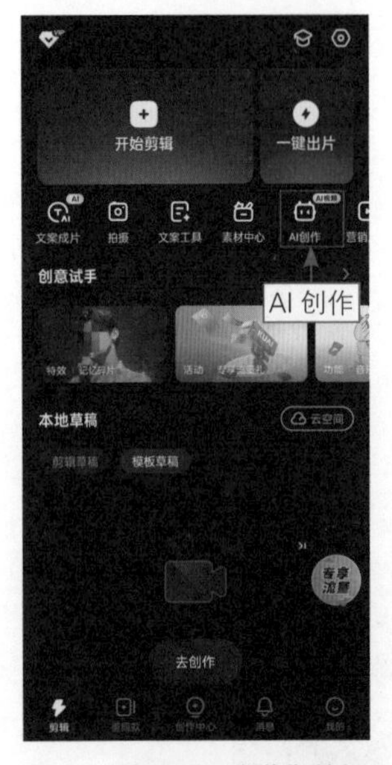

图 2-2　点击“AI 创作”按钮

图 2-3　点击“生成视频”按钮

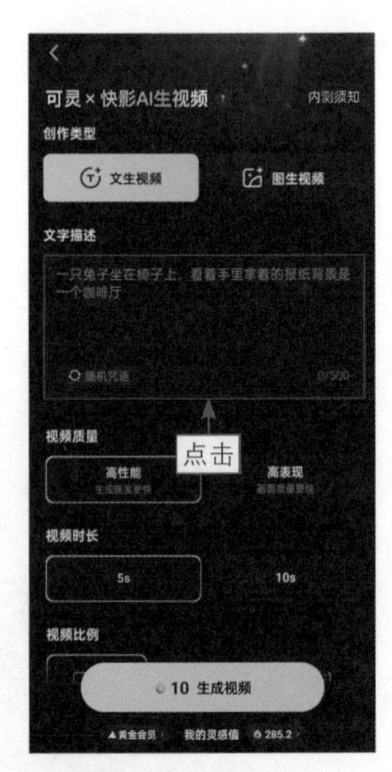

图 2-4　点击文本框

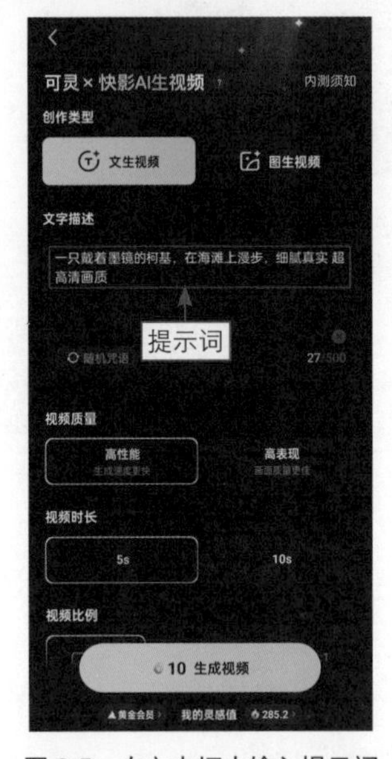

图 2-5　在文本框中输入提示词

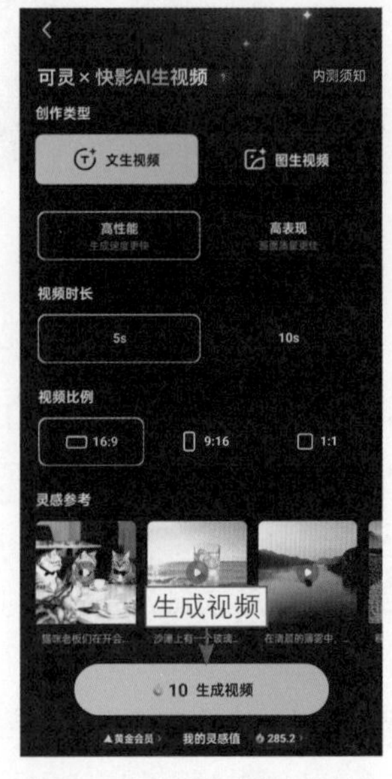

图 2-6　点击“生成视频”按钮

步骤 06 执行操作后，跳转至“处理记录”界面，如果界面中出现对应的视频信息，就说明视频生成成功了。点击视频封面右侧的“预览”按钮，如图2-7所示，预览视频的效果。

步骤 07 进入“AI生视频”界面，即可查看视频的效果，如图2-8所示。

图 2-7　点击“预览”按钮

图 2-8　查看视频的效果

2.1.2　调整视频的效果

扫码看教学视频

如果用户对视频效果不满意，可以通过如下操作，快速进行视频效果的调整。

步骤 01 点击“AI生视频”界面中的“重新生成”按钮，如图2-9所示，通过重新生成视频调整视频效果。

步骤 02 弹出“创作信息”面板，点击“重新编辑”按钮，如图2-10所示，进行视频生成信息的调整。

图 2-9　点击“重新生成”按钮

图 2-10　点击“重新编辑”按钮

步骤 03 在“文字描述”下方的文本框中，对提示词进行调整，将“视频质量”设置为“高表现”，点击“生成视频”按钮，如图2-11所示，重新进行视频的生成。

步骤 04 执行操作后，跳转至“处理记录”界面，如果界面中出现对应的视频信息，就说明视频重新生成成功了。点击视频封面右侧的“预览”按钮，如图2-12所示，预览视频的效果。

步骤 05 进入“AI生视频”界面，即可查看重新生成的视频效果，如图2-13所示。

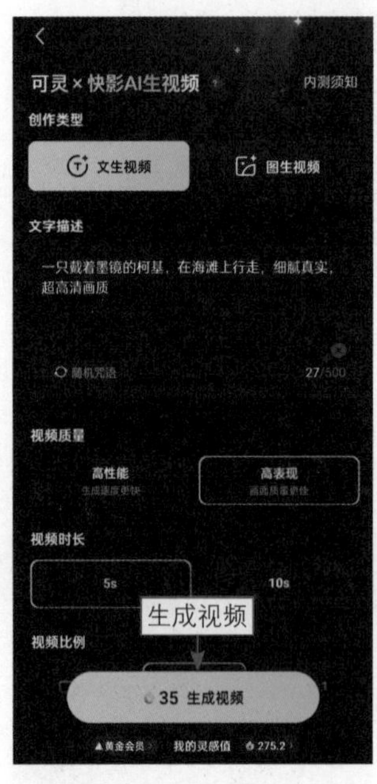

图 2-11 点击“生成视频”按钮

图 2-12 点击“预览”按钮

图 2-13 查看重新生成的视频效果

★ 专 家 提 醒 ★

有时候，调整视频生成信息之后，第一次生成的视频效果可能不是很理想。此时，用户可以多次进行视频的生成，并从中选择自己满意的效果。当然，如果多次生成之后，视频效果还是不太好，用户也可以重新对视频的生成信息进行调整，然后再次进行视频的生成。

2.1.3 优化并下载视频

扫码看教学视频

通过文生视频的方式生成满意的视频之后，用户可以借助快影App为视频添加背景音乐，对视频的效果进行优化，并将优化后的视频下载至手机相册中，具体操作步骤如下。

步骤 01 进入对应视频的"AI生视频"界面，点击界面中的"去剪辑"按钮，如图2-14所示，进行界面的切换。

步骤 02 进入快影App的视频处理界面，点击"音频"按钮，如图2-15所示，为视频添加背景音乐。

步骤 03 点击二级工具栏中的"音乐"按钮，如图2-16所示，确认进行背景音乐的添加。

图 2-14　点击"去剪辑"按钮

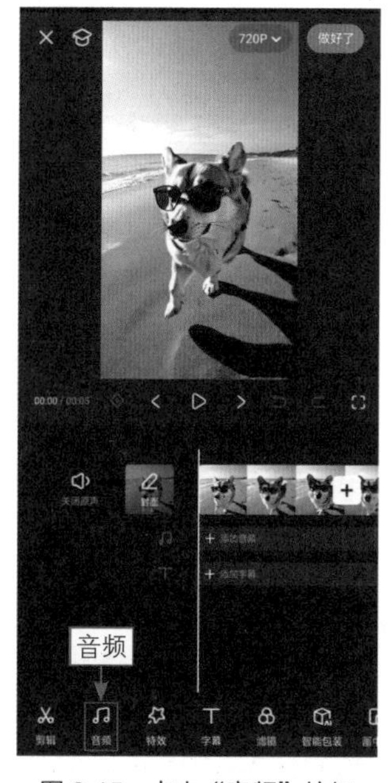

图 2-15　点击"音频"按钮

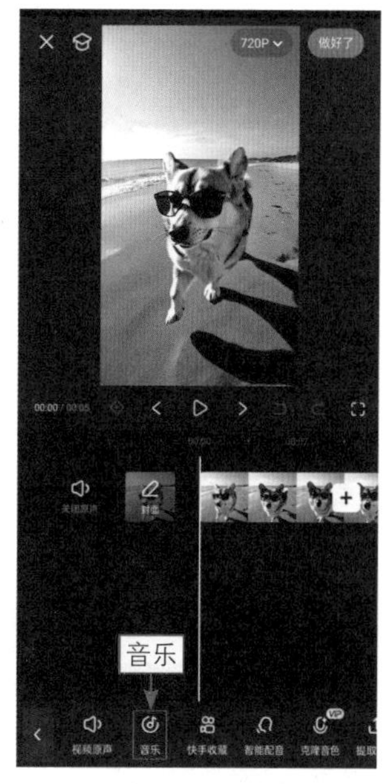

图 2-16　点击"音乐"按钮

步骤 04 进入"音乐库"界面，点击所需音乐类型对应的按钮，如点击"纯音乐"按钮，如图2-17所示。

步骤 05 进入"热门分类"界面的"纯音乐"选项卡，选择所需的背景音乐，点击"使用"按钮，如图2-18所示。

步骤 06 执行操作后，如果音频轨道中出现对应的音频素材，就说明背景音乐添加成功了。快影App中默认导出的是清晰度为720P（P为Progressive的缩写，意为逐行扫描）的视频，如果用户要调整导出视频的清晰度，可以点击720P按钮，如图2-19所示。

步骤 07 在弹出的面板中，设置视频的导出信息，点击"做好了"按钮，如图2-20所示。

步骤 08 在弹出的"导出选项"面板中，点击"保存并发布到快手"按钮，如图2-21所示。

步骤 09 执行操作后，会进行视频的导出，并显示视频的导出进度。如果新跳转的界面中显示“视频已保存”，就说明视频导出成功了，如图2-22所示。

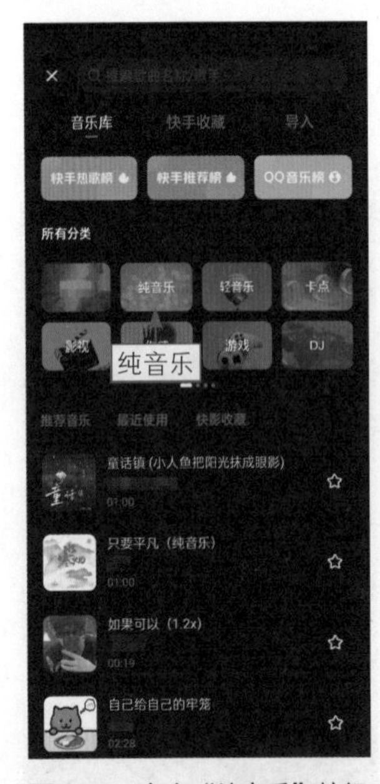

图 2-17 点击“纯音乐”按钮

图 2-18 点击“使用”按钮

图 2-19 点击 720P 按钮

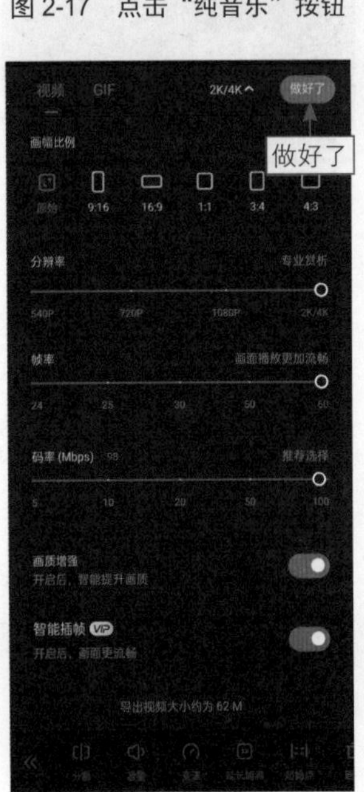

图 2-20 点击“做好了”按钮

图 2-21 点击“保存并发布到快手”按钮

图 2-22 视频导出成功

2.2　可灵 AI 网页版文生视频实战

扫码看案例效果

【效果展示】：在可灵AI网页版中，用户同样可以通过文生视频的方式生成相关的视频，效果如图2-23所示。

图 2-23　可灵 AI 网页版的文生视频效果

2.2.1　输入提示词生成视频

扫码看教学视频

用户只需进入可灵AI网页版的“文生视频”选项卡，并输入相关的提示词，即可快速生成一条相关的视频，具体操作步骤如下。

步骤 01 进入“AI视频”页面的“文生视频”选项卡，在“创意描述”文本框中输入提示词，如图2-24所示，对生成视频的相关信息进行描述。

步骤 02 滚动鼠标滚轮，设置生成视频的参数，单击“立即生成”按钮，如图2-25所示，进行视频的生成。

图 2-24　在“创意描述”文本框中输入提示词

图 2-25　单击“立即生成”按钮

步骤 03 执行操作后，即可根据输入的提示词和设置的参数，生成一条相关的视频，如图2-26所示。

图 2-26　生成一条相关的视频

2.2.2　调整视频的效果

扫码看教学视频

在可灵AI网页版中，用户可以通过修改提示词，来调整文生视频的效果，并将调整后的视频效果下载至电脑中备用，具体操作步骤如下。

步骤 01 在“AI视频”界面的“文生视频”选项卡中，调整提示词，单击“立即生成”按钮，如图2-27所示，再次进行视频的生成。

图 2-27　单击“立即生成”按钮

步骤 02 执行操作后，即可使用调整后的提示词，重新生成一条视频，如图2-28所示，完成视频效果的调整。

图 2-28　重新生成一条视频

步骤 03 如果用户对视频的效果比较满意，可以将鼠标指针放置在对应视频下方的按钮上，在弹出的列表中选择“无水印下载”选项，如图2-29所示，将视频下载至电脑中备用。

图 2-29　选择“无水印下载”选项

步骤 04 弹出“新建下载任务”对话框，在该对话框中设置视频的下载信息，单击“下载”按钮，如图2-30所示，进行视频的下载。

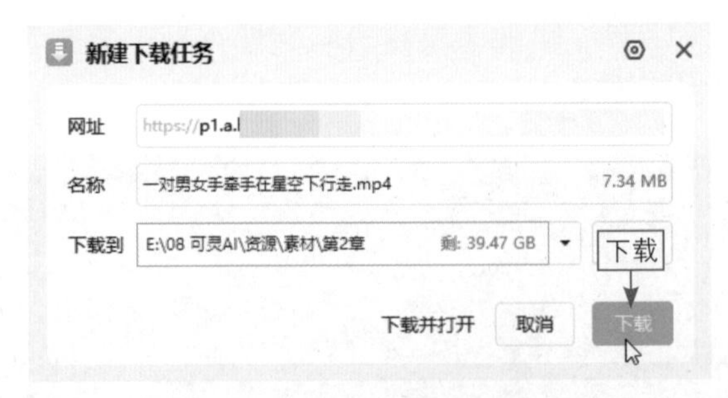

图2-30　单击“下载”按钮

步骤 05 执行操作后，弹出“下载”对话框，如果该对话框的“已完成”选项卡中显示对应的文件名称，就说明视频下载成功了，如图2-31所示。

图2-31　视频下载成功

2.2.3　优化并下载视频

扫码看教学视频

虽然可灵AI网页版中没有视频剪辑功能，但是用户可以借助剪映电脑版等工具对调整后的视频进行剪辑处理，优化视频的整体效果，并将制作完成的视频下载至自己的电脑中，具体操作步骤如下。

步骤 01 启动剪映电脑版，单击“首页”界面中的“开始创作”按钮，如图2-32所示，开始进行视频的优化。

步骤 02 显示剪映电脑版剪辑界面的“媒体”功能区，单击“本地”选项卡中的“导入”按钮，如图2-33所示，进行视频素材的导入。

图 2-32　单击“开始创作”按钮

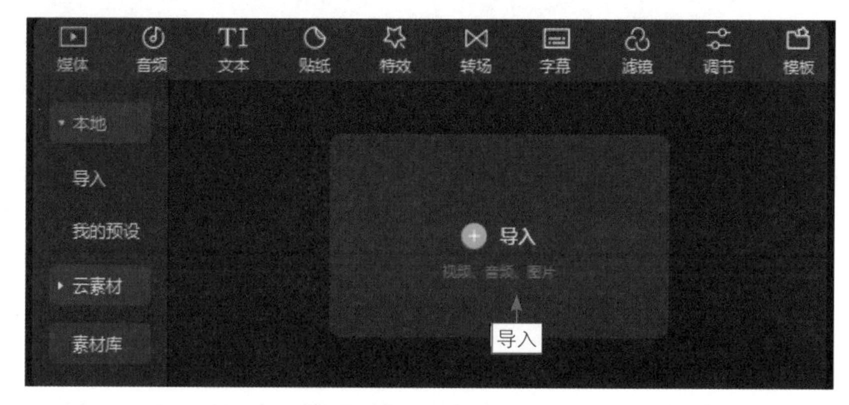

图 2-33　单击“导入”按钮

步骤 03 弹出“请选择媒体资源”对话框，选择刚刚下载的视频，单击“打开”按钮，如图2-34所示，将视频作为素材上传至剪映电脑版中。

图 2-34　单击“打开”按钮

步骤 04 执行操作后，即可将所选的视频添加至“媒体”功能区的“本地”选项卡中，单击视频右下方的“添加到轨道”按钮，如图2-35所示，将其作为素材添加至视频轨道中。

图 2-35　单击“添加到轨道”按钮（1）

步骤 05 单击“音频”按钮，如图2-36所示，进行功能区的切换，为视频素材添加背景音乐。

图 2-36　单击“音频”按钮

步骤 06 进入“音频”功能区，在“音乐素材”选项卡的文本框中搜索背景音乐的关键词，如输入“星空”，如图2-37所示。

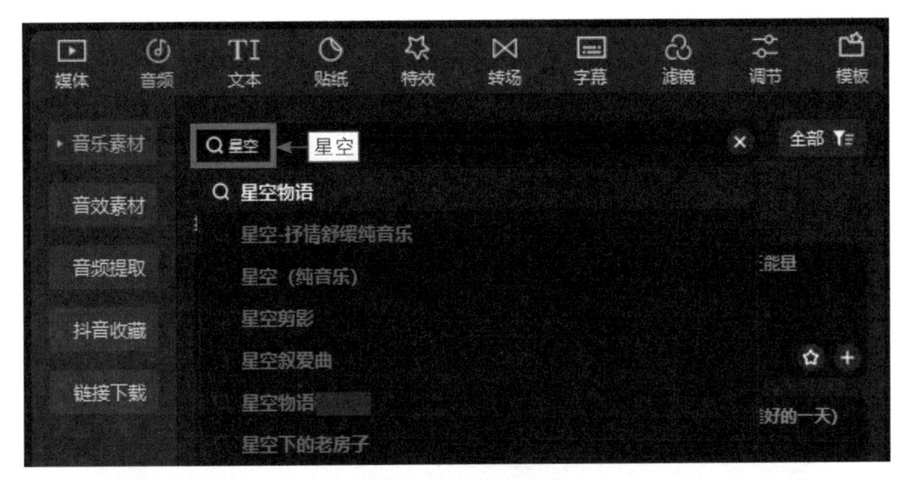

图 2-37　输入“星空”

步骤 07 按Enter键确认，即可搜索到相关的音乐。单击对应音乐右下方的“添加到轨道”按钮，如图2-38所示。

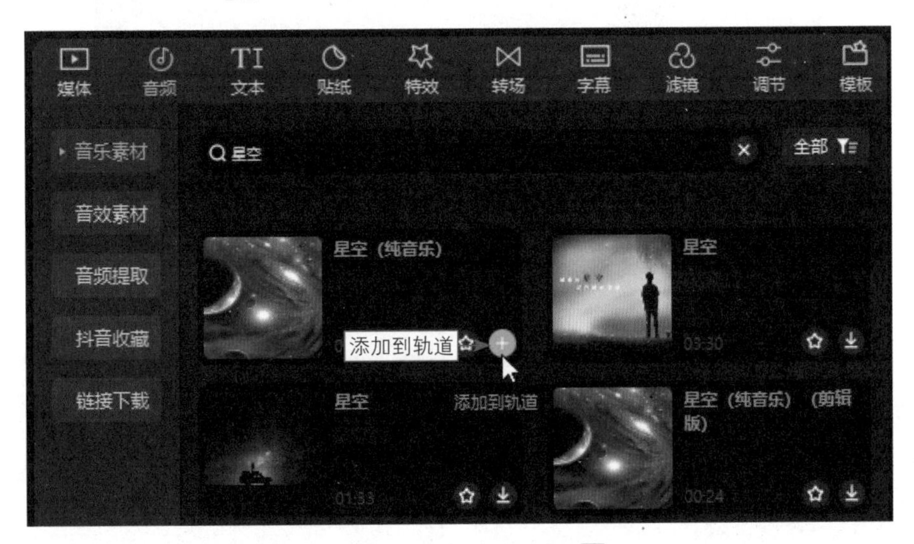

图 2-38　单击“添加到轨道”按钮（2）

步骤 08 执行操作后，即可将所选的背景音乐添加至音频轨道中，拖曳时间线至视频的结束位置，选择音频素材，单击“向右裁剪”按钮，如图2-39所示，即可删除多余的背景音乐，完成背景音乐的添加。如果用户只需给视频添加背景音乐，那么视频的调整便完成了。

步骤 09 单击剪映电脑版剪辑界面中的“导出”按钮，如图2-40所示，进行视频的导出。

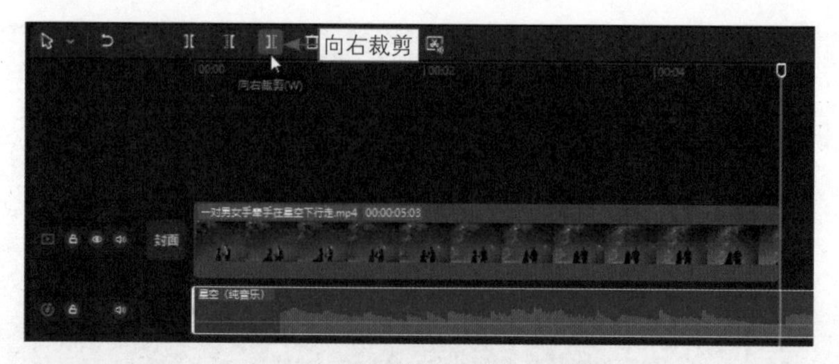

图 2-39　单击“向右裁剪”按钮

图 2-40　单击“导出”按钮

步骤 10 执行操作后，会弹出“导出”对话框，如图2-41所示。

步骤 11 在弹出的对话框中设置视频的导出信息，单击“导出”按钮，如图2-42所示，确认导出视频。

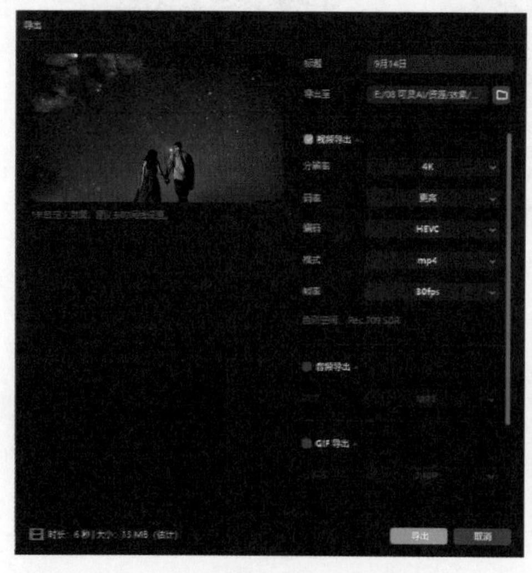

图 2-41　弹出“导出”对话框

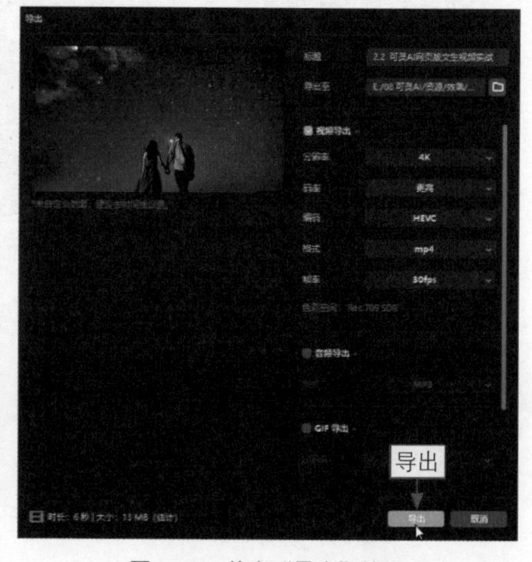

图 2-42　单击“导出”按钮

步骤 12 执行操作后，剪映会根据设置的信息进行视频的导出，并显示视频的导出进度。如果新弹出的“导出”对话框中显示“导出完成，去发布！”（该处显示的文字信息会发生一些变化），就说明视频导出成功了，如图2-43所示。

图 2-43　视频导出成功

第3章　图生视频实战技巧

图生视频就是将上传的图片作为参考图，直接生成相关的视频。在可灵AI平台中，用户上传参考图之后，无须输入提示词，也能生成相关的视频。本章将结合具体的案例，为大家讲解利用可灵AI手机版和可灵AI网页版的“图生视频”功能生成视频的实战技巧。

3.1 可灵 AI 手机版图生视频实战

扫码看案例效果

【效果展示】：借助快影App的“AI创作”功能，用户只需上传一张参考图，并简单设置一下视频的生成信息，即可生成一条视频。例如，用户可以上传一张熊猫弹吉他的照片，生成相关的视频，效果如图3-1所示。

图 3-1　熊猫弹吉他的视频效果

3.1.1 使用参考图生成视频

扫码看教学视频

用户可以进入“可灵×快影AI生视频”界面的“图生视频”选项卡，上传参考图，快速生成一条视频，具体操作步骤如下。

步骤 01 打开快影App，进入“可灵×快影AI生视频”界面的“文生视频”选项卡，点击“图生视频”按钮，如图3-2所示，进行选项卡的切换。

步骤 02 切换至“图生视频”选项卡，点击“添加图片”按钮，如图3-3所示，进行图片素材的上传。

步骤 03 弹出“添加图片”面板，选择面板中的“相册图片”选项，如图3-4所示，选择图片的添加方式。

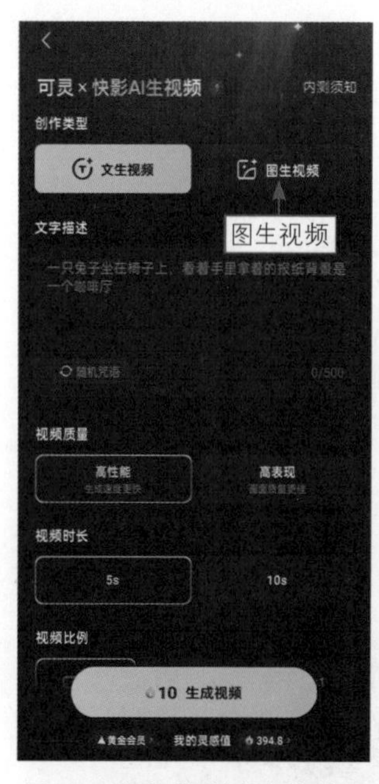

图3-2　点击"图生视频"按钮

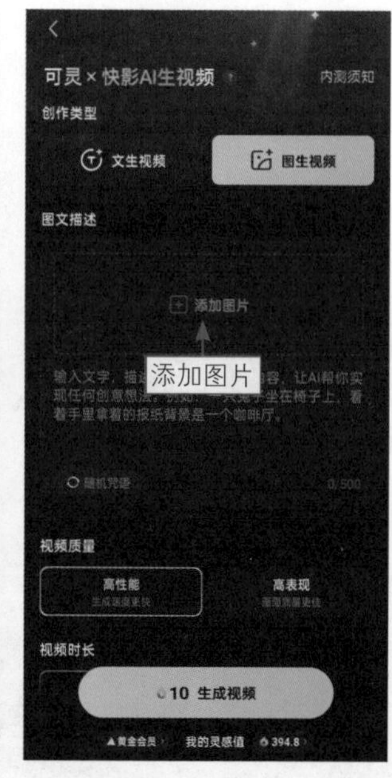

图3-3　点击"添加图片"按钮

图3-4　选择"相册图片"选项

步骤 04 进入"相册"界面，选择需要上传的图片，如图3-5所示。

步骤 05 执行操作后，如果"上传图片"板块中显示刚刚选择的图片素材，就说明图片素材上传成功了，如图3-6所示。

图3-5　选择需要上传的图片

图3-6　图片素材上传成功

步骤 06 在“可灵×快影AI生视频”界面中设置视频质量和视频时长，点击“生成视频”按钮，如图3-7所示，进行视频的生成。

步骤 07 执行操作后，会跳转至“处理记录”界面的“AI生视频”选项卡，并生成对应的视频。视频生成完成后，点击对应视频封面右侧的“预览”按钮，如图3-8所示，预览该视频的内容。

步骤 08 进入“AI生视频”界面，即可预览视频的效果，如图3-9所示。

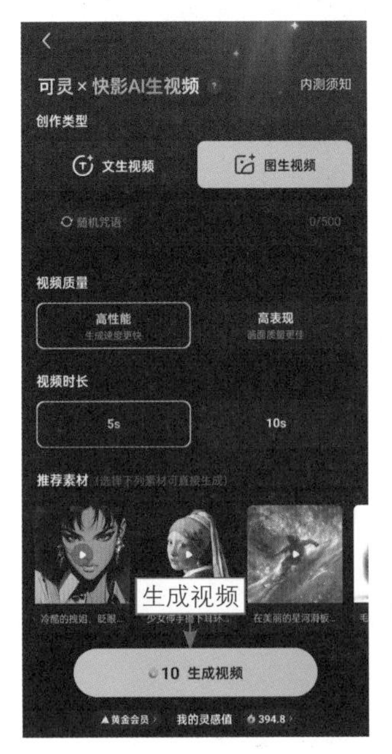

图 3-7　点击“生成视频”按钮

图 3-8　点击“预览”按钮

图 3-9　预览视频的效果

3.1.2　调整视频的效果

扫码看教学视频

通过“图生视频”功能生成视频之后，如果用户对视频效果不满意，可以调整相关信息，例如可以将视频的生成质量调整为“高表现”，获得更好的视频效果，具体操作步骤如下。

步骤 01 进入对应视频的“AI生视频”界面，点击“重新生成”按钮，如图3-10所示，通过重新生成视频对视频的效果进行调整。

步骤 02 弹出“创作信息”面板，点击“重新编辑”按钮，如图3-11所示，重新编辑视频的生成信息。

步骤 03 进入“可灵×快影AI生视频”界面，点击“高表现”按钮，调整视频的生成质量，点击“生成视频”按钮，如图3-12所示，再次进行视频的生成。

图 3-10 点击“重新生成”按钮

图 3-11 点击“重新编辑”按钮

图 3-12 点击“生成视频”按钮

步骤 04 执行操作后，跳转至“处理记录”界面的“AI生视频”选项卡，生成对应的视频，点击视频封面右侧的“预览”按钮，如图3-13所示，预览该视频的内容。

步骤 05 进入“AI生视频”界面，即可预览调整后的视频效果，如图3-14所示。

图 3-13 点击“预览”按钮

图 3-14 预览调整后的视频效果

3.1.3　优化并下载视频

扫码看教学视频

通过图生视频的方式生成满意的视频效果之后，用户可以为视频添加背景音乐，优化视频的整体效果，并将视频下载至手机相册中，具体操作步骤如下。

步骤 01 点击对应视频“AI生视频”界面中的“去剪辑”按钮，如图3-15所示，对视频进行剪辑处理。

步骤 02 进入快影App的视频处理界面，依次点击“音频”按钮和“音乐”按钮，如图3-16所示，为视频添加背景音乐。

图3-15　点击“去剪辑”按钮

图3-16　点击“音乐”按钮

步骤 03 进入“音乐库”界面，点击界面上方的搜索框，如图3-17所示，通过搜索喜欢的音乐为视频添加背景音乐。

步骤 04 在搜索框中输入关键词，点击“搜索”按钮，如图3-18所示，对音乐进行搜索。

图3-17　点击搜索框

图3-18　点击“搜索”按钮

步骤 05 随后，即可搜索到相关的音乐，选择所需的音乐，点击“使用”按钮，如图3-19所示，确认使用该音乐。

步骤 06 执行操作后，即可为视频匹配对应的音频素材，如图3-20所示，完成背景音乐的添加。

步骤 07 背景音乐添加完成后，只需设置视频的下载信息，并点击“做好了”按钮，如图3-21所示，即可将视频下载至手机相册中。

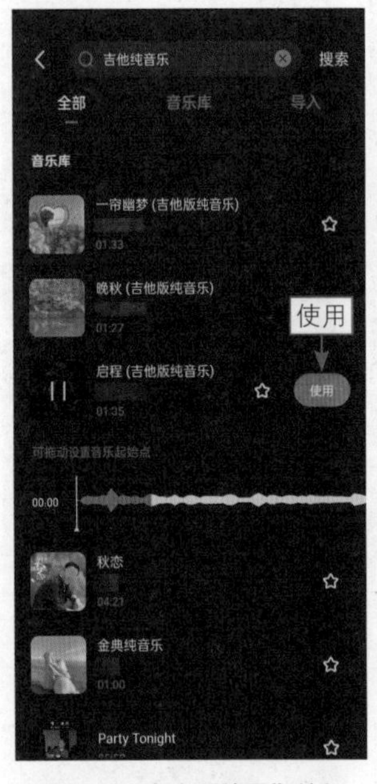

图 3-19　点击“使用”按钮

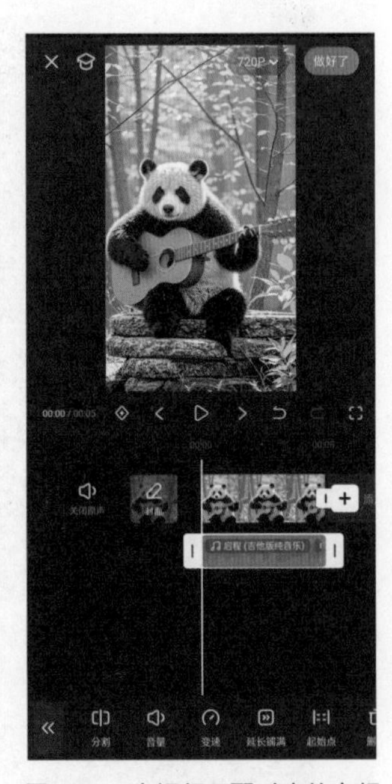

图 3-20　为视频匹配对应的音频素材

图 3-21　点击“做好了”按钮

★ 专 家 提 醒 ★

根据视频的内容，添加合适的背景音乐，可以为视频添光增色，让视频的音频和画面更加贴合。例如，给熊猫弹吉他的视频添加吉他弹奏的背景音乐，可以给人一种背景音乐就是熊猫弹出来的感觉。

3.2 可灵 AI 网页版图生视频实战

扫码看案例效果

【效果展示】：图生视频并不是可灵AI手机版的独特功能，在可灵AI网页版中，同样可以通过图生视频的方式生成相关的视频。例如，用户可以借助可灵AI平台或其他AI绘画工具绘制一张宇航员在月球表面行走的图片，并将该图片上传至可灵AI平台中，生成相关的视频，效果如图3-22所示。

图 3-22　宇航员在月球表面行走的视频效果

3.2.1　使用参考图生成视频

扫码看教学视频

用户在可灵AI平台“AI视频”页面的“图生视频”选项卡中上传对应的参考图之后，即可快速生成一条视频，具体操作步骤如下。

步骤 01 进入可灵AI平台“AI视频”页面的“文生视频”选项卡，单击“图生视频”按钮，如图3-23所示，进行选项卡的切换。

图 3-23　单击“图生视频”按钮

步骤 02 进入“图生视频”选项卡，单击“图片及创意描述”板块中的“点击/拖拽/粘贴”按钮，如图3-24所示，选择图片素材的上传方式。

图 3-24　单击“点击 / 拖拽 / 粘贴”按钮

步骤 03 弹出“打开”对话框，在该对话框中选择要上传的图片素材，单击“打开”按钮，如图3-25所示，确定上传该图片素材。

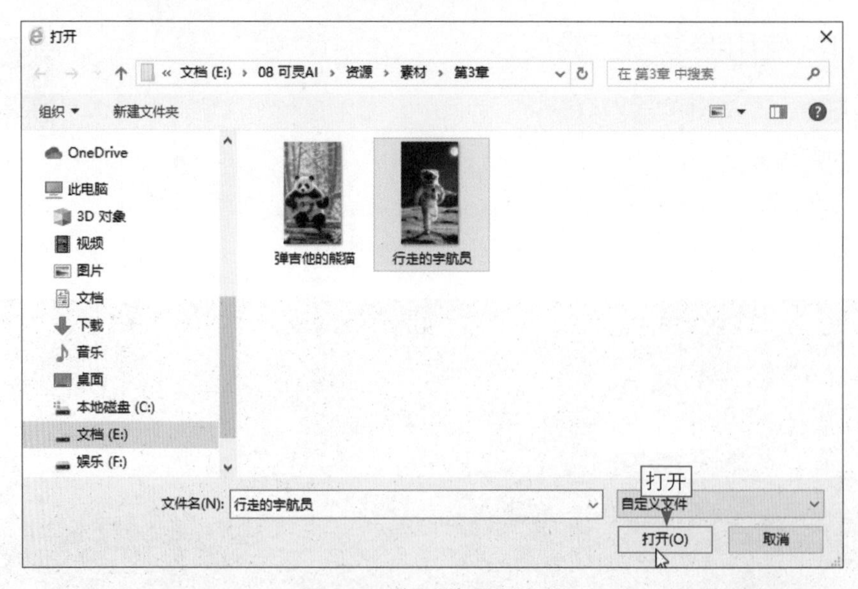

图 3-25　单击“打开”按钮

步骤 04 执行操作后，如果“图片及创意描述”板块中显示刚刚选择的图片素材，就说明该图片素材上传成功了，如图3-26所示。

步骤 05 在“图生视频”页面中设置视频的生成信息，单击“立即生成”按钮，如图3-27所示，进行视频的生成。

图 3-26　图片素材上传成功

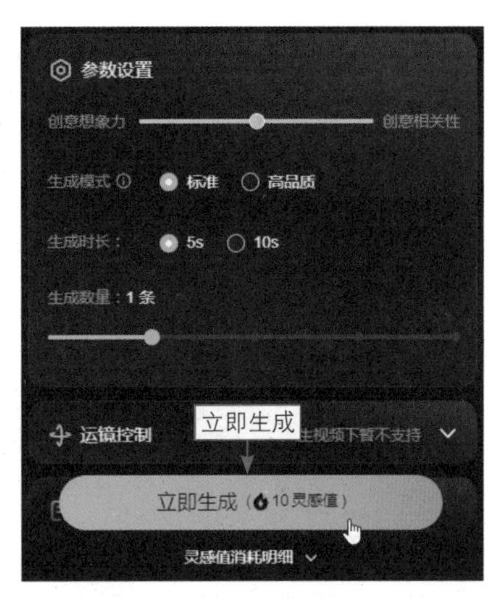

图 3-27　单击“立即生成”按钮

步骤 06 执行操作后，可灵AI即可根据上传的图片和设置的信息，生成一条视频，如图3-28所示。

图 3-28　生成一条视频

3.2.2　调整视频的效果

扫码看教学视频

有时候，“标准”模式下生成的视频效果欠佳，此时用户可以将视频的生成模式调整为“高品质”，以获得更好的视频效果，具体操作步骤如下。

步骤 01 在“AI视频”页面的“图生视频”选项卡中，将视频的生成模式设置为“高品质”，单击“立即生成”按钮，如图3-29所示，再次进行视频的生成。

图 3-29　单击“立即生成”按钮

步骤 02 执行操作后，即可使用参考图生成一条高品质的视频，如图3-30所示，完成视频效果的调整。

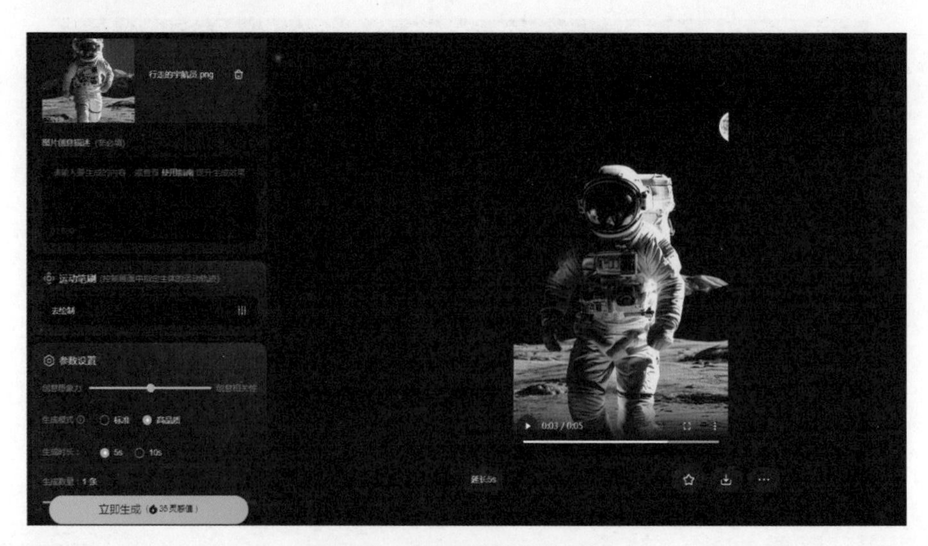

图 3-30　生成一条高品质的视频

步骤 03 如果用户对视频的效果比较满意，可以将鼠标指针放置在对应视频下方的按钮上，在弹出的列表中选择“无水印下载”选项，如图3-31所示，将视频下载至电脑中备用。

图3-31　选择“无水印下载”选项

3.2.3　优化并下载视频

扫码看教学视频

为了优化视频效果，用户可以为视频配上合适的背景音乐，例如可以在剪映电脑版中搜索并选择合适的音乐。背景音乐添加完成后，如果对视频的效果比较满意，用户还可以对视频进行下载，具体操作步骤如下。

步骤01 将调整后的视频添加至剪映电脑版“媒体”功能区的“本地”选项卡中，单击视频右下方的“添加到轨道”按钮，将其添加至视频轨道中，如图3-32所示。

图3-32　点击“添加到轨道”按钮（1）

步骤02 单击“音频”按钮，进入该功能区的“推荐音乐”选项卡，单击该选项卡中的搜索框，如图3-33所示，搜索喜欢的音乐。

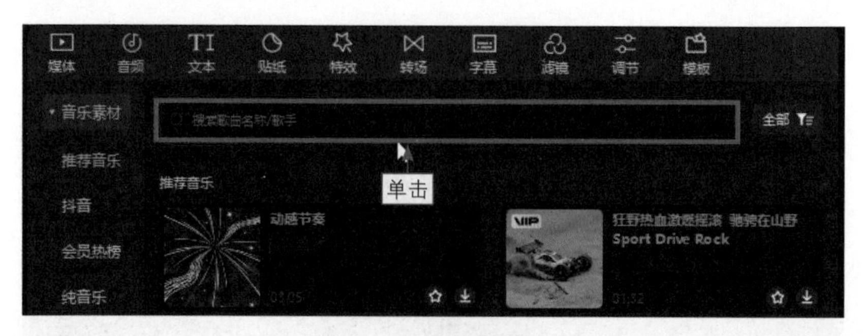

图 3-33　单击搜索框

步骤 03 在搜索框中输入关键词，进行音乐的搜索，单击对应音乐右下方的“添加到轨道”按钮，如图3-34所示，为视频添加背景音乐。

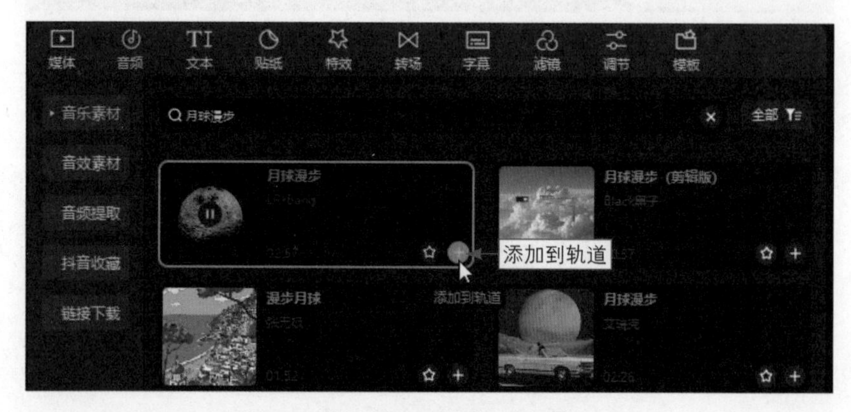

图 3-34　单击“添加到轨道”按钮（2）

步骤 04 执行操作后，即可将所选的音乐添加至音频轨道中，拖曳时间线至视频结束的位置，单击“向右裁剪”按钮，如图3-35所示，删除时间轴右侧的音乐。

图 3-35　单击“向右裁剪”按钮

步骤 05 如果时间轴右侧的音频素材消失，就说明多余的音乐删除成功了，如图3-36所示。

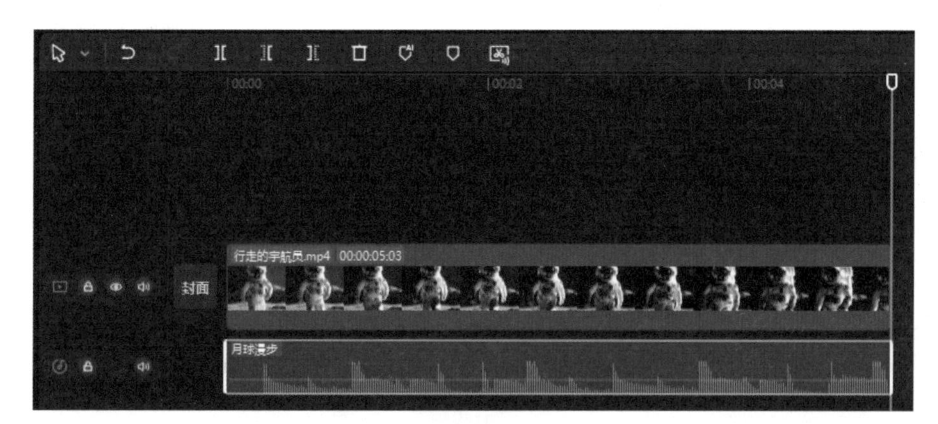

图 3-36　多余的音乐删除成功

步骤 06 如果用户对视频的效果比较满意，只需单击视频剪辑界面右上方的“导出”按钮，如图3-37所示，并根据提示进行相关操作，即可将视频下载至电脑中的相应位置。

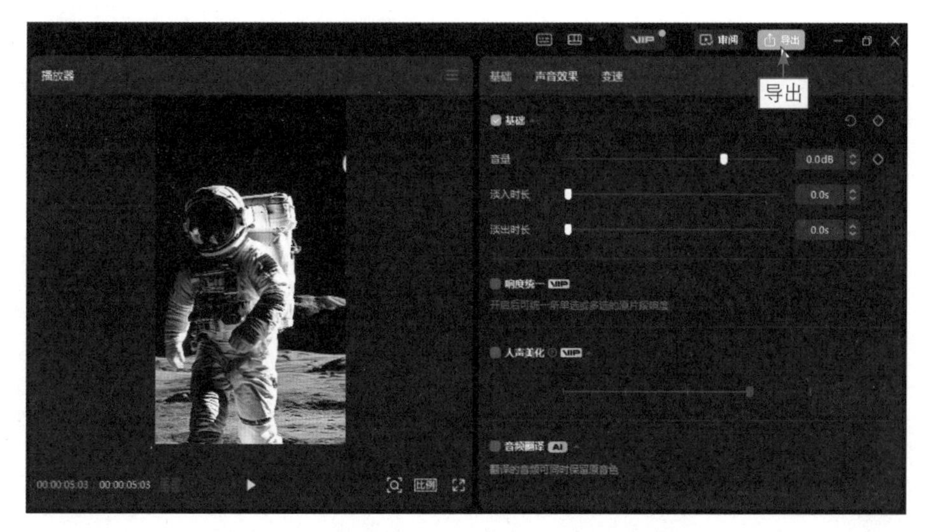

图 3-37　单击“导出”按钮

第4章　图文结合生视频实战技巧

在可灵AI手机版和网页版中，用户可以先上传一张参考图，然后输入描述词，通过图文结合的方式生成想要的视频。本章将以《蒙娜丽莎的微笑》和《戴珍珠耳环的少女》这两幅世界名画为例，为大家讲解以图文结合的方式生成视频的实战技巧。

4.1　可灵AI手机版图文结合生视频实战

扫码看案例效果

【效果展示】：《戴珍珠耳环的少女》是世界知名的油画作品，在可灵AI手机版中，用户可以将该油画作品作为参考图，同时输入相关的提示词，快速生成一条视频，效果如图4-1所示。

图4-1　可灵AI手机版图文结合生视频的效果

4.1.1　生成初步的视频

扫码看教学视频

可灵AI手机版中提供了《戴珍珠耳环的少女》素材，用户可以直接使用该素材生成初步的视频，具体操作步骤如下。

步骤 01 打开快影App，进入“可灵×快影AI生视频”界面的“图生视频”选项卡，滑动界面，点击界面下方的对应素材，如图4-2所示，调用该素材的相关信息。

步骤 02 弹出素材使用的提示面板，点击“使用咒语”按钮，如图4-3所示，确认使用素材中的提示词。

步骤 03 随后，“图文描述”板块中会自动填入对应的参考图和提示词，接着设置视频的其他生成信息，点击“生成视频”按钮，如图4-4所示，生成视频。

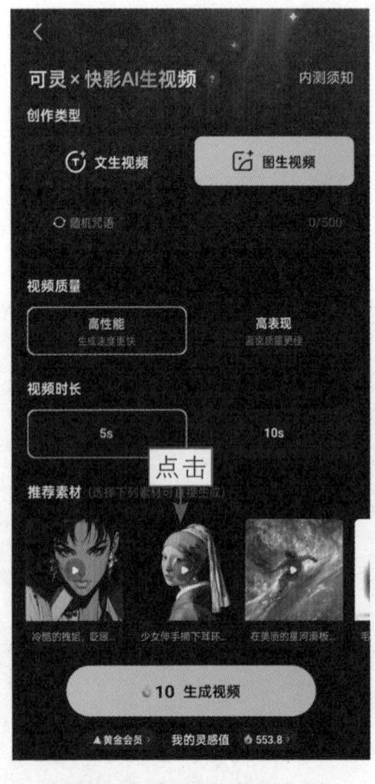

图 4-2　点击对应的素材

图 4-3　点击“使用咒语”按钮

图 4-4　点击“生成视频”按钮

步骤 04 执行操作后，会跳转至“处理记录”界面，进行视频的生成。生成视频后，点击“预览”按钮，如图4-5所示，预览视频效果。

步骤 05 进入“AI生视频”界面，即可查看初步生成的视频，效果如图4-6所示。

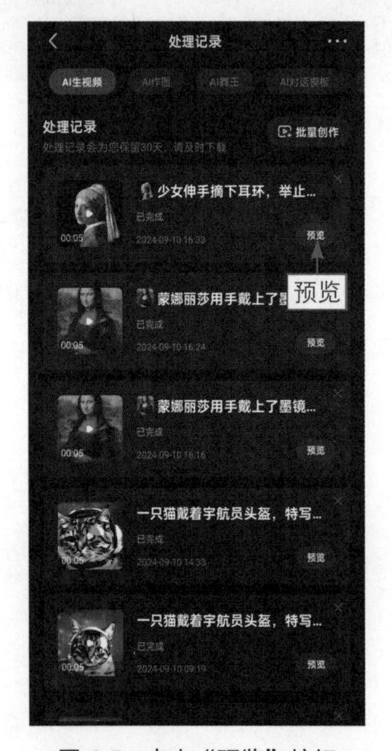

图 4-5　点击“预览”按钮

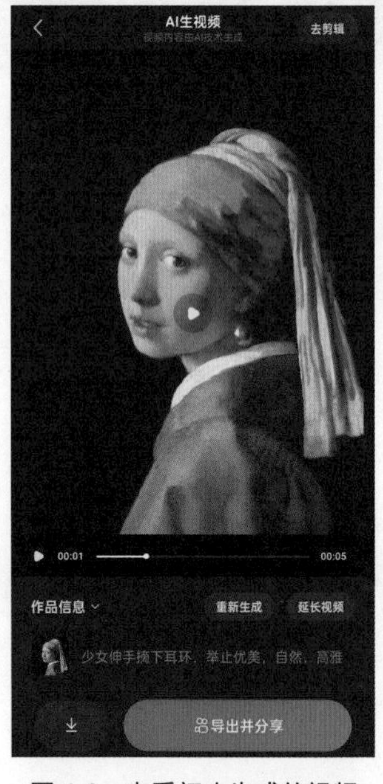

图 4-6　查看初步生成的视频

★ 专家提醒 ★

可灵 AI 平台生成的内容具有很大的随机性，即便使用相同的参考信息，生成的视频内容可能也会出现较大的差异。因此，即便使用可灵 AI 平台提供的素材，也难以获得平台展示的效果。

4.1.2　调整视频的效果

扫码看教学视频

通过图文结合的方式生成初步的视频之后，如果用户觉得视频效果不够好，可以通过如下操作，对视频的效果进行调整。

步骤 01 点击"AI生视频"界面中的"重新生成"按钮，如图4-7所示，通过重新生成视频对视频效果进行调整。

步骤 02 弹出"创作信息"面板，点击面板中的"重新编辑"按钮，如图4-8所示，对视频的生成信息进行调整。

步骤 03 进入"可灵×快影AI生视频"界面，调整视频的生成信息，点击"生成视频"按钮，如图4-9所示，再次进行视频的生成。

图 4-7　点击"重新生成"按钮

图 4-8　点击"重新编辑"按钮

图 4-9　点击"生成视频"按钮

步骤 04 跳转至"处理记录"界面，进行视频的生成。生成视频后，点击"预览"按钮，如图4-10所示，预览视频效果。

步骤 05 进入"AI生视频"界面，即可查看调整后的视频效果，如图4-11所示。

图 4-10　点击“预览”按钮

图 4-11　查看调整后的视频效果

4.1.3　优化并下载视频

扫码看教学视频

获得满意的视频内容之后，用户可以对视频进行优化，如添加背景音乐，并将制作完成的视频下载至手机相册中，具体操作步骤如下。

步骤 01 进入“AI生视频”界面，点击界面右上方的“去剪辑”按钮，如图4-12所示，进行视频的剪辑处理。

步骤 02 执行操作后，即可进入快影App的视频编辑界面，如图4-13所示。

步骤 03 依次点击“音频”按钮和“音乐”按钮，进入“音乐库”界面，点击所需音乐类型对应的按钮，如点击“轻音乐”按钮，如图4-14所示。

图 4-12　点击“去剪辑”按钮

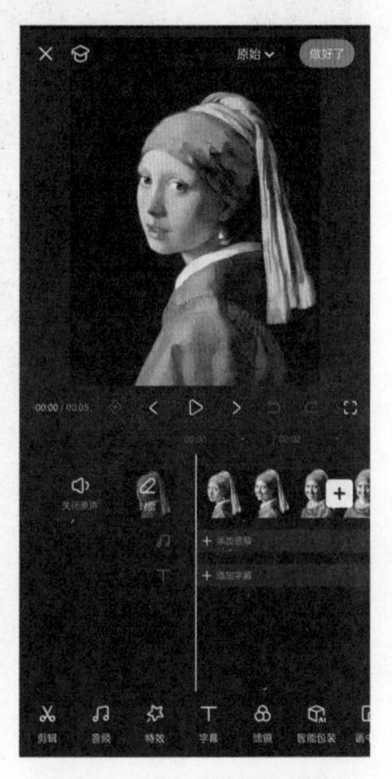

图 4-13　进入视频编辑界面

步骤 04 进入“热门分类”界面的“轻音乐”选项卡，选择合适的音乐，点击“使用”按钮，如图4-15所示，将该音乐作为背景音乐使用。

步骤 05 执行操作后，即可为视频添加对应的背景音乐，如图4-16所示，完成视频的制作。此时，只需点击“做好了”按钮，将视频下载至手机相册中即可。

图 4-14　点击“轻音乐”按钮

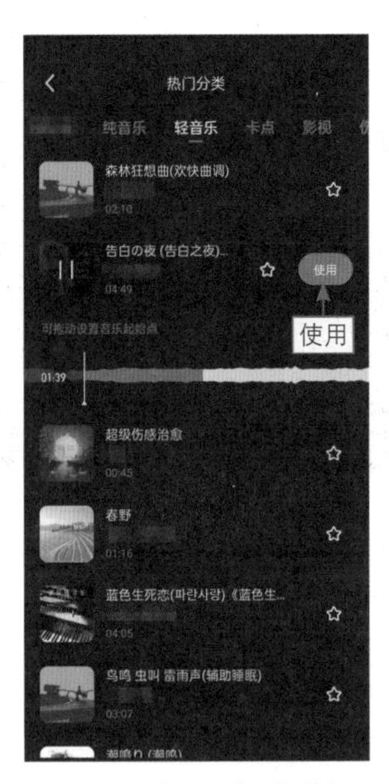

图 4-15　点击“使用”按钮

图 4-16　添加对应的背景音乐

★ 专 家 提 醒 ★

“热门分类”界面各选项卡中的音乐会不定期发生一些变化，有的音乐过一段时间可能就不会显示了。对此，用户不必强求选择相同的音乐，只需选择与视频内容匹配的音乐即可。

4.2　可灵 AI 网页版图文结合生视频实战

扫码看案例效果

【效果展示】：《蒙娜丽莎的微笑》是文艺复兴时期画家列奥纳多·达·芬奇创作的一幅著名肖像画，以其神秘的微笑和深邃的眼神闻名于世。在可灵AI平台中，用户可以将该绘画作品作为参考图，同时输入相关的提示词，生成一条趣味性的视频，效果如图4-17所示。

图 4-17　可灵 AI 网页版图文结合生视频的效果

4.2.1　生成初步的视频

扫码看教学视频

在可灵AI平台中，用户可以上传《蒙娜丽莎的微笑》的原画，并输入相关的提示词，生成初步的视频，具体操作步骤如下。

步骤 01 进入可灵AI平台“AI视频”界面的“图生视频”选项卡，上传《蒙娜丽莎的微笑》的原画，输入相关的提示词，如图4-18所示，对视频的内容进行描述。

图 4-18　输入相关的提示词

步骤 02 设置生成视频的参数，单击“立即生成”按钮，如图4-19所示，进行视频的生成。

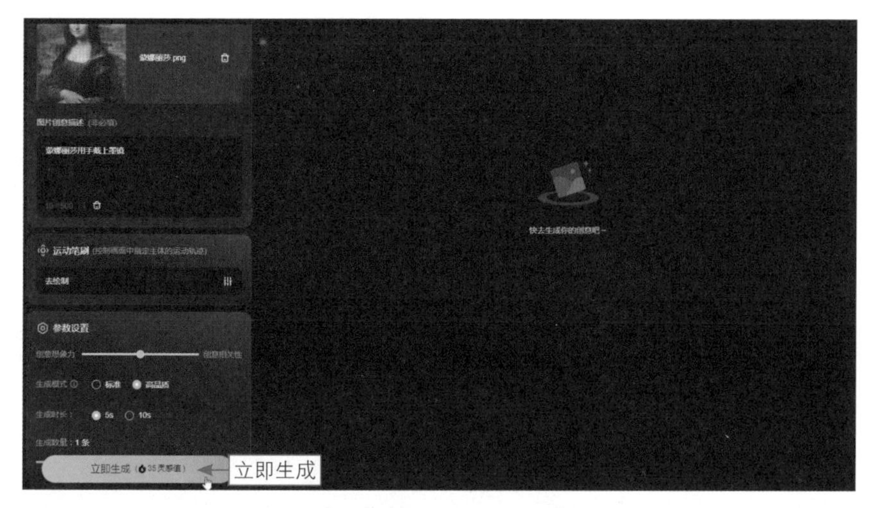

图 4-19　单击“立即生成”按钮

步骤 03 执行操作后，即可使用上传的图片和设置的信息，生成一条初步的视频，如图4-20所示。

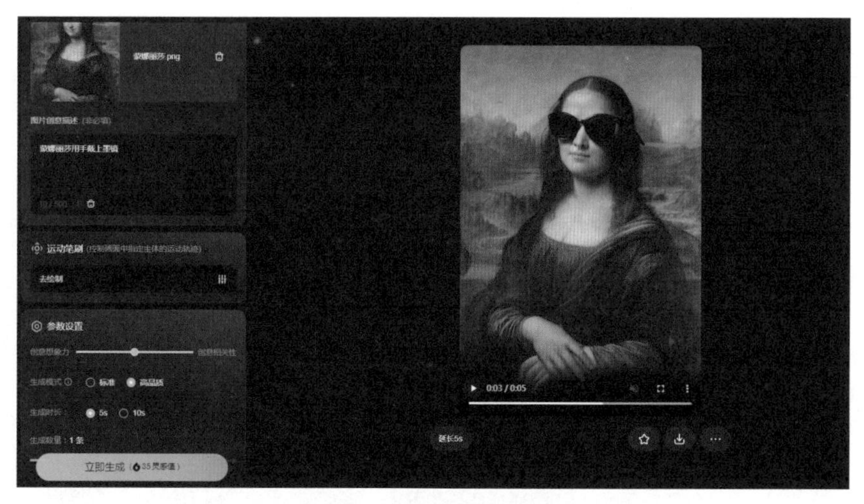

图 4-20　生成一条初步的视频

4.2.2　调整视频的效果

扫码看教学视频

当初步生成的视频效果不佳时，用户可以对生成信息进行调整，获得更好的视频效果，具体操作步骤如下。

步骤 01 根据自身需求对视频的生成信息进行调整，如将视频的生成模式调整为“标准”，单击“立即生成”按钮，如图4-21所示，再次进行视频的生成。

图 4-21 单击“立即生成”按钮

步骤 02 执行操作后，即可使用调整后的信息，生成一条相应的视频，如图4-22所示，完成视频的调整。

图 4-22 生成一条视频

步骤 03 如果用户对视频的效果比较满意，可以将鼠标指针放置在对应视频下方的按钮上，在弹出的列表中选择“无水印下载”选项，如图4-23所示，即可将视频下载至电脑中备用。

图 4-23　选择“无水印下载”选项

4.2.3　优化并下载视频

扫码看教学视频

用户可以根据自身需求对调整后的视频进行优化，如使用剪映电脑版为视频添加背景音乐，并将视频下载至电脑中的相应位置，具体操作步骤如下。

步骤 01 将调整后的视频添加至剪映电脑版“媒体”功能区的“本地”选项卡中，单击视频右下方的“添加到轨道”按钮，将其添加至视频轨道中，如图4-24所示。

图 4-24　将调整后的视频添加至视频轨道中

步骤 02 单击“音频”按钮，进入对应的功能区，在搜索框中输入关键词，进行音乐的搜索，单击对应音乐右下方的“添加到轨道”按钮，如图4-25所示，为视频添加背景音乐。

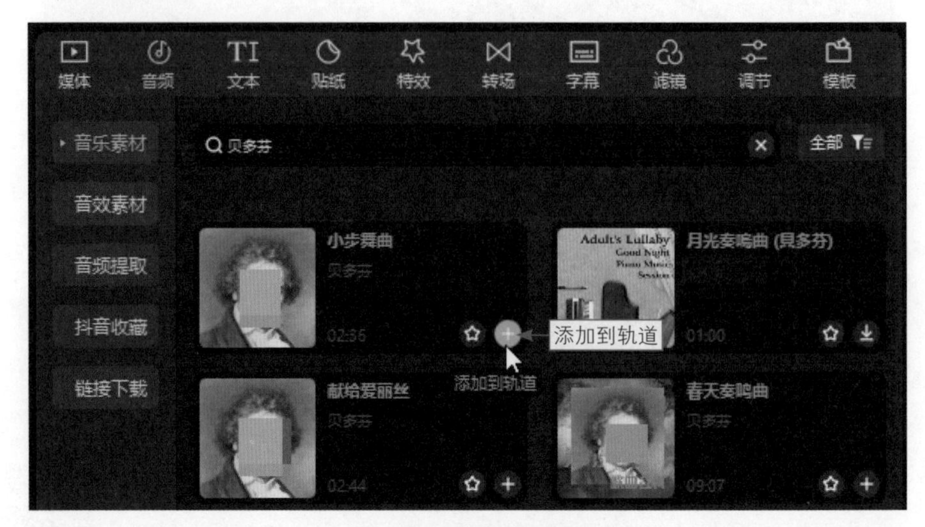

图 4-25 单击“添加到轨道”按钮

步骤 03 执行操作后，即可将所选的音乐添加至音频轨道中，拖曳时间线至合适的位置，单击“向左裁剪”按钮，如图4-26所示，删除时间线左侧的音乐。

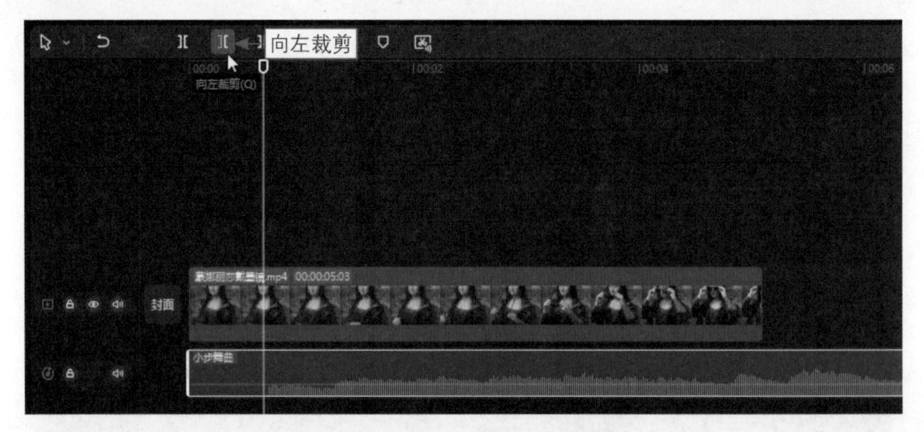

图 4-26 单击“向左裁剪”按钮

步骤 04 选择并拖曳音频素材，使其起始位置处于音频轨道的最左侧（即时间为00:00所在的位置），拖曳时间线至视频结束的位置，单击“向右裁剪”按钮，如图4-27所示，删除时间线右侧的音乐，即可完成背景音乐的添加。

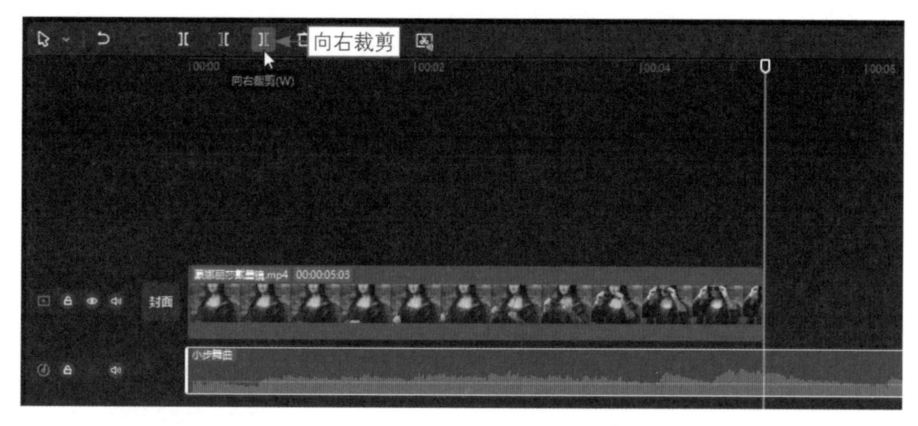

图 4-27　单击“向右裁剪”按钮

步骤 05 如果用户对视频的效果比较满意，只需单击视频剪辑界面右上方的“导出”按钮，如图4-28所示，并根据提示进行相关操作，即可将视频效下载至电脑中的相应位置。

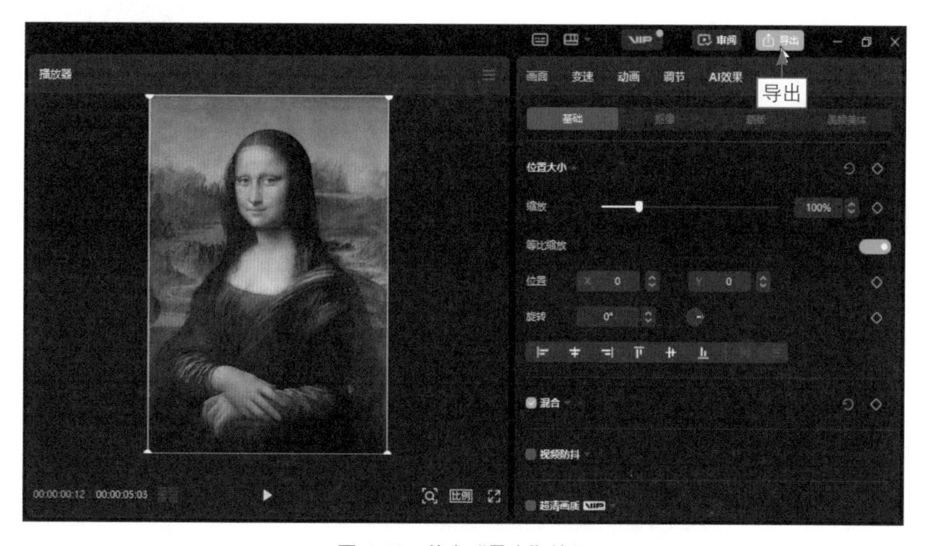

图 4-28　单击“导出”按钮

第5章　首尾帧生视频实战技巧

使用首尾帧功能实现图生视频是一种高级的技术，它通过定义视频的起始帧（即首帧）和结束帧（即尾帧），让AI在两者之间生成平滑的过渡和动态效果。本章将通过两个具体的案例，为大家讲解利用可灵AI网页版的首尾帧功能生成视频的实战技巧。

5.1　实战案例 1：微笑的女孩

扫码看案例效果

【效果展示】：在可灵AI平台中，用户可以将一张人物没有微笑的图片作为首帧，将一张人物微笑的图片作为尾帧，生成一条人物微笑的视频。图5-1所示为使用首尾帧功能生成的女孩微笑视频效果。

图 5-1　使用首尾帧功能生成的女孩微笑视频效果

5.1.1　使用首尾帧功能生成视频

扫码看教学视频

在可灵AI平台中开启“增加尾帧”功能，并上传相关的图片，即可生成一条视频，下面介绍具体的操作步骤。

步骤 01 进入可灵AI平台，在“AI视频”页面的“图生视频”选项卡中，单击“图片及创意描述”板块中“增加尾帧”右侧的按钮，如图5-2所示，开启“增加尾帧”功能。

步骤 02 执行操作后，“图片及创意描述”板块中的信息会发生变化，单击“上传首帧图片”按钮，如图5-3所示，进行首帧图片的上传。

步骤 03 弹出“打开”对话框，选择要上传的图片素材，单击“打开”按钮，如图5-4所示，确定将该图片素材作为首帧图片上传。

图 5-2　单击 按钮

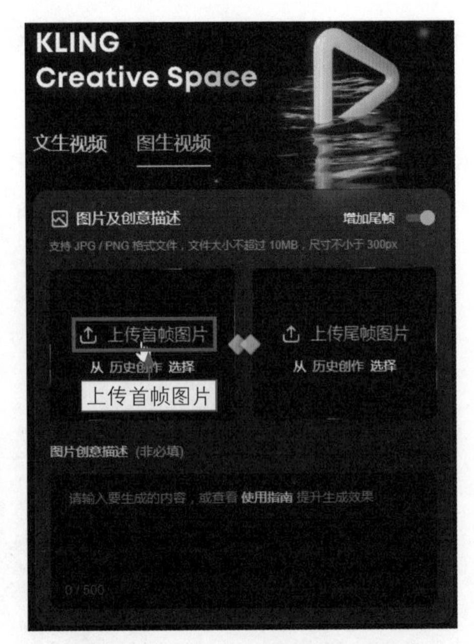

图 5-3　单击“上传首帧图片”按钮

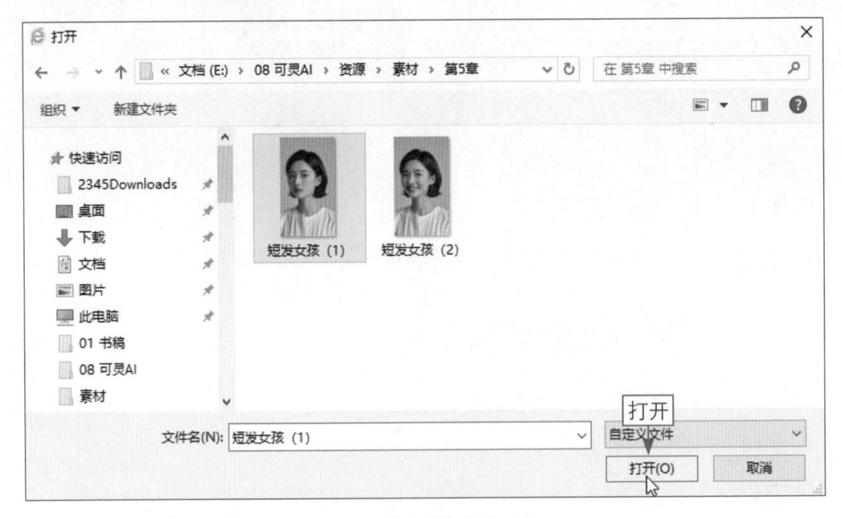

图 5-4　单击“打开”按钮

步骤 04 返回“图生视频”页面，如果“图片及创意描述”板块中显示刚刚选择的图片，就说明该图片上传成功了。单击“上传尾帧图片”按钮，如图5-5所示，进行尾帧图片的上传。

步骤 05 按照同样的方法，将尾帧图片素材上传至“图片及创意描述”板块中，如图5-6所示。

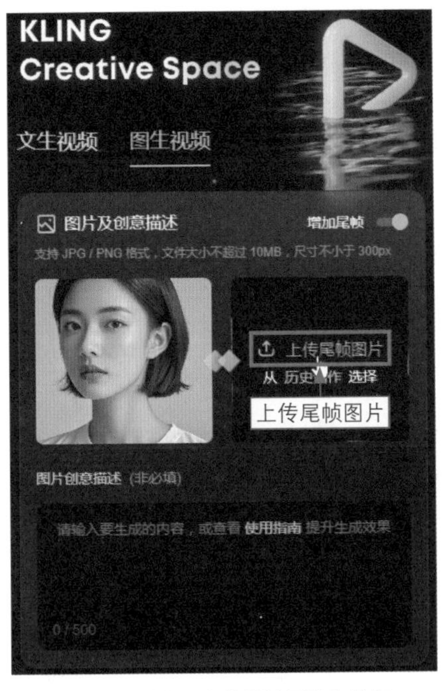

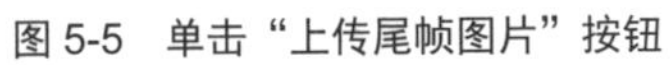

图 5-5　单击“上传尾帧图片”按钮

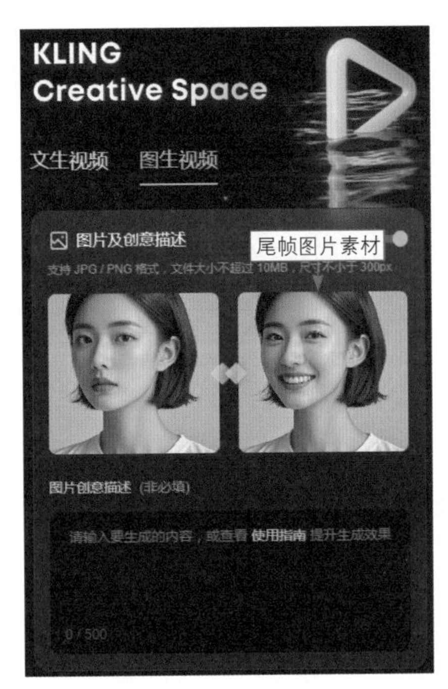

图 5-6　上传尾帧图片素材

步骤 06 在“图生视频”选项卡中设置视频的生成信息，单击“立即生成”按钮，如图5-7所示，进行视频的生成。

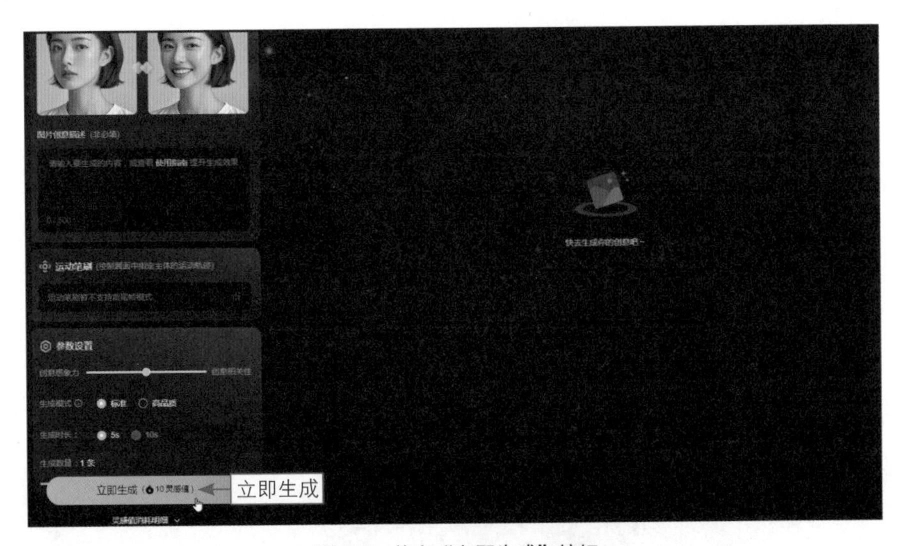

图 5-7　单击“立即生成”按钮

步骤 07 执行操作后，可灵AI即可根据上传的图片和设置的信息，生成一条视频，如图5-8所示。

图 5-8　生成一条视频

5.1.2　调整视频效果

扫码看教学视频

在使用首尾帧功能生成视频时，用户同样可以通过简单的操作，对视频的生成效果进行调整，具体操作步骤如下。

步骤 01 根据自身需求对视频的生成信息进行调整，如输入相关的提示词，将视频的“生成模式”设置为“高品质”，单击“立即生成”按钮，如图5-9所示，再次进行视频的生成。

图 5-9　单击“立即生成”按钮

步骤 02 执行操作后，即可使用调整后的信息，生成一条高品质的视频，如图5-10所示，完成视频的调整。

图 5-10　生成一条高品质的视频

步骤 03 如果用户对视频的效果比较满意，可以将鼠标指针放置在对应视频下方的按钮上，在弹出的列表中选择“无水印下载”选项，如图5-11所示，将视频下载至电脑中备用。

图 5-11　选择“无水印下载”选项

5.1.3　优化和下载视频

扫码看教学视频

生成满意的视频效果之后，用户可以使用剪映电脑版为视频添加背景音乐，提升视频的视听效果，并将制作完成的视频下载至电脑中，具体操作步骤如下。

步骤 01 将调整后的视频添加至剪映电脑版“媒体”功能区的“本地”选项卡中，单击视频右下方的“添加到轨道”按钮，将其添加至视频轨道中，如图5-12所示。

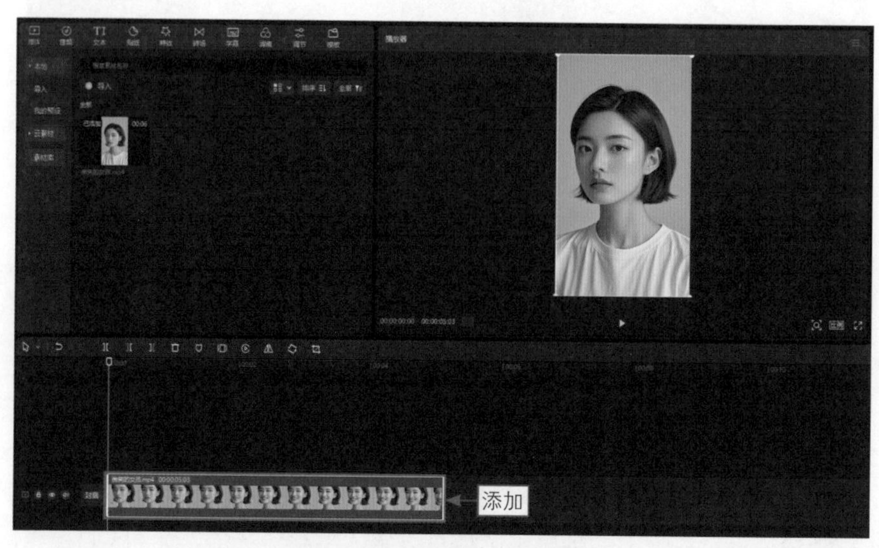

图 5-12　将视频添加至视频轨道中

步骤 02 单击“音频”按钮，进入对应的功能区，在搜索框中输入关键词，搜索喜欢的音乐，单击对应音乐右下方的“添加到轨道”按钮，如图5-13所示，为视频添加背景音乐。

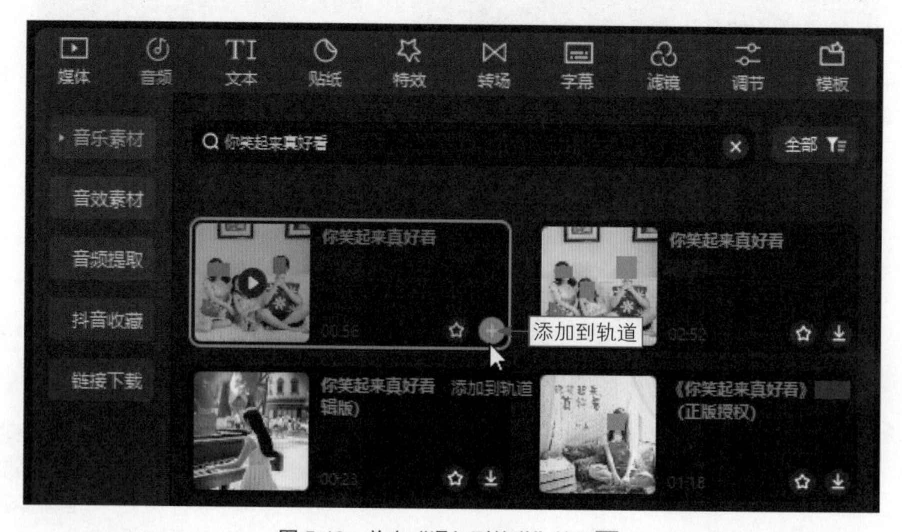

图 5-13　单击“添加到轨道”按钮

步骤 03 执行操作后，即可将所选的音乐添加至音频轨道中，拖曳时间线至视频结束的位置，单击“向右裁剪”按钮，如图5-14所示，将多余的音频素材删除。

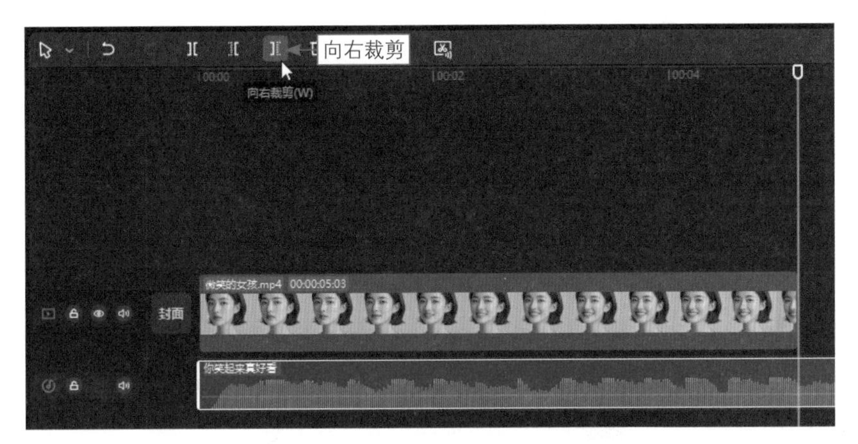

图 5-14　单击“向右裁剪”按钮

步骤 04 如果用户对视频的效果比较满意，只需单击视频剪辑界面右上方的“导出”按钮，如图5-15所示，并根据提示进行相关操作，即可将视频下载至电脑中的相应位置。

图 5-15　单击“导出”按钮

5.2　实战案例 2：人物变身

扫码看案例效果

【效果展示】：在可灵AI平台中，用户可以将一张普通的人像照片作为首帧图片，将该人像照片的动漫图片效果作为尾帧图片，借助

“增加尾帧”功能生成人物变身的视频效果，如图5-16所示。

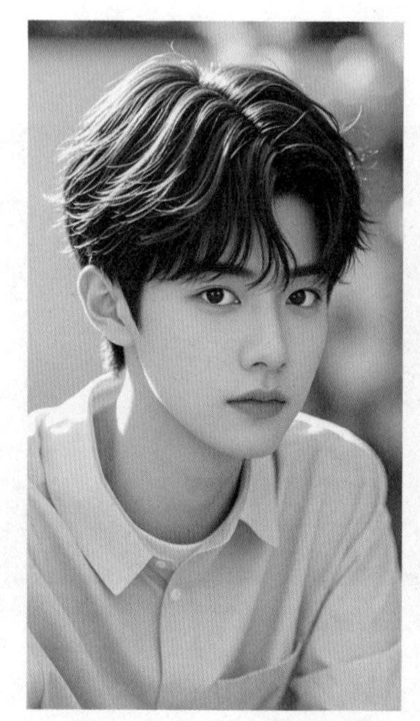

图 5-16　人物变身的视频效果

5.2.1　使用首尾帧功能生成视频

扫码看教学视频

借助可灵AI平台的“增加尾帧”功能，用户只需将对应的首帧和尾帧图片作为参考图，即可快速生成一条视频，下面介绍具体的操作步骤。

步骤 01 进入可灵AI平台，在“AI视频”页面的“图生视频”选项卡中，在“图片及创意描述”板块中上传首帧和尾帧图片，如图5-17所示。

图 5-17　在“图片及创意描述”板块中上传首帧和尾帧图片

步骤 02 滑动页面，在“图生视频”选项卡中设置视频的生成信息，单击“立即生成”按钮，如图5-18所示，进行视频的生成。

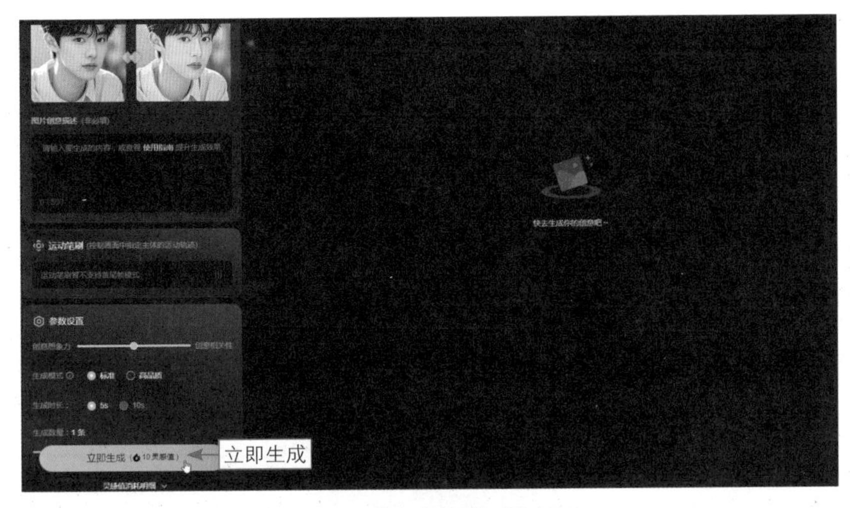

图 5-18　单击“立即生成”按钮

步骤 03 执行操作后，可灵AI即可根据上传的图片和设置的信息，生成一条视频，如图5-19所示。

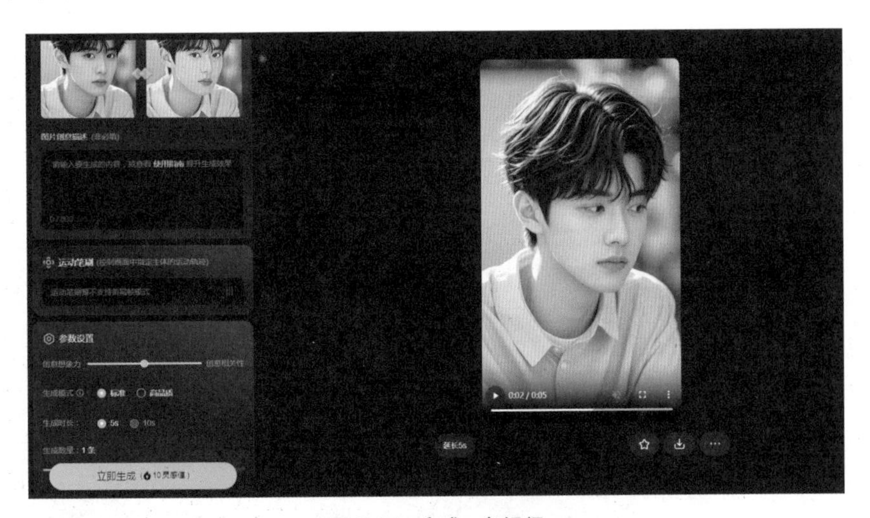

图 5-19　生成一条视频

5.2.2　调整视频效果

扫码看教学视频

使用“增加尾帧”功能生成视频之后，如果用户对视频的效果不满意，可以通过如下操作快速调整视频的效果。

步骤01 根据自身需求对视频的生成信息进行调整，如输入相关的提示词，单击“立即生成”按钮，如图5-20所示，再次进行视频的生成。

图 5-20　单击“立即生成”按钮

步骤02 执行操作后，即可使用调整后的信息，重新生成一条视频，如图5-21所示，完成视频的调整。

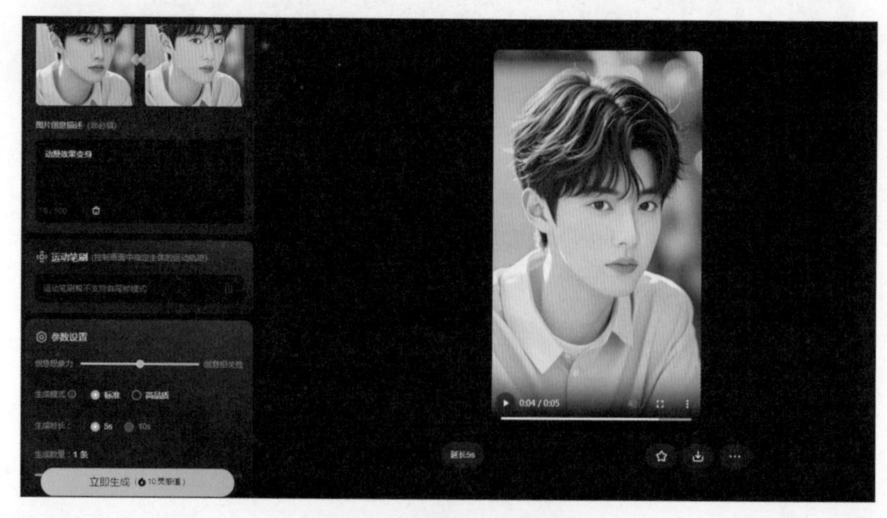

图 5-21　重新生成一条视频

步骤03 如果用户对视频的效果比较满意，可以将鼠标指针放置在对应视频下方的[下载图标]按钮上，在弹出的列表中选择“无水印下载”选项，如图5-22所示，将视频下载至电脑中备用。

图 5-22　选择“无水印下载”选项

5.2.3　优化和下载视频

扫码看教学视频

生成满意的视频效果之后，用户可以使用剪映电脑版为视频添加背景音乐，提升视频的视听效果，并将制作完成的视频下载至电脑中，具体操作步骤如下。

步骤 01 启动剪映电脑版，将刚刚下载的视频添加至视频轨道中，单击“音频”按钮，进入对应的功能区，从该功能区的“推荐音乐”选项卡中选择合适的音乐，单击对应音乐右下方的“添加到轨道”按钮，如图5-23所示，为视频添加背景音乐。

图 5-23　单击“添加到轨道”按钮

步骤 02 执行操作后，即可将所选的音乐添加至音频轨道中，拖曳时间线至视频结束的位置，单击“向右裁剪”按钮，如图5-24所示，将多余的音频素材删除。

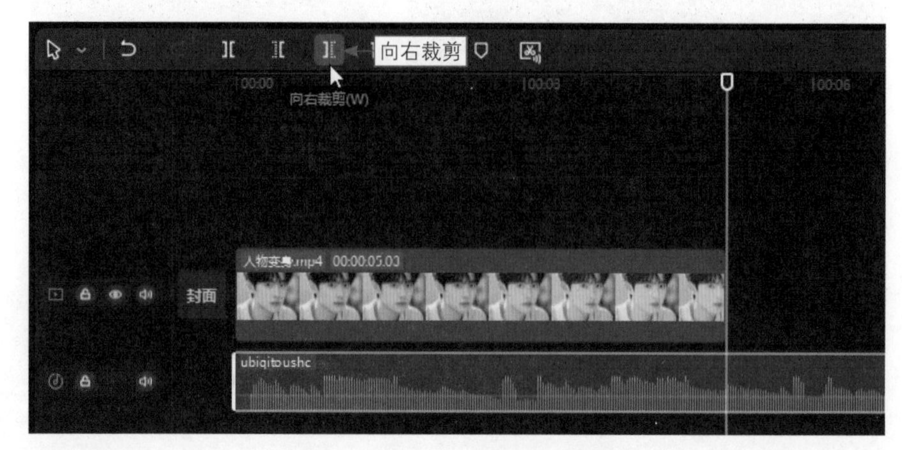

图 5-24 单击“向右裁剪”按钮

步骤 03 如果用户对视频的效果比较满意，只需单击视频剪辑界面右上方的“导出”按钮，如图5-25所示，并根据提示进行相关操作，即可将视频效下载至电脑中的相应位置。

图 5-25 单击“导出”按钮

第6章　视频续写实战技巧

使用可灵AI手机版或网页版生成视频之后，如果用户觉得视频太短了，可以通过简单的操作对视频进行延长，达到续写视频内容的目的。本章将分别介绍使用可灵AI手机版和可灵网页版延长视频的实战技巧。

6.1 可灵 AI 手机版视频续写实战

扫码看案例效果

【效果展示】：使用可灵AI手机版生成视频之后，用户可以借助“延长”功能对视频内容进行续写，并使用视频剪辑软件为视频添加背景音乐，获得一条延长的视频，效果如图6-1所示。

图 6-1 运用可灵 AI 手机版延长视频的效果

6.1.1 生成初步的视频

扫码看教学视频

在延长视频之前，用户可以先用快影App的“AI生视频”功能生成一条初步的视频，为接下来的视频延长做好准备，具体操作步骤如下。

步骤 01 打开快影App，进入“可灵×快影AI生视频”界面的“图生视频”选项卡，滑动界面，点击界面下方所需的素材，如图6-2所示，调用该素材的相关信息。

步骤 02 弹出素材使用的提示面板，点击“使用咒语”按钮，如图6-3所示，确认使用素材中的提示词。

步骤 03 随后，在“图文描述”板块中会自动显示对应的参考图和提示词，然后设置视频的其他生成信息，点击“生成视频”按钮，如图6-4所示，进行视频的生成。

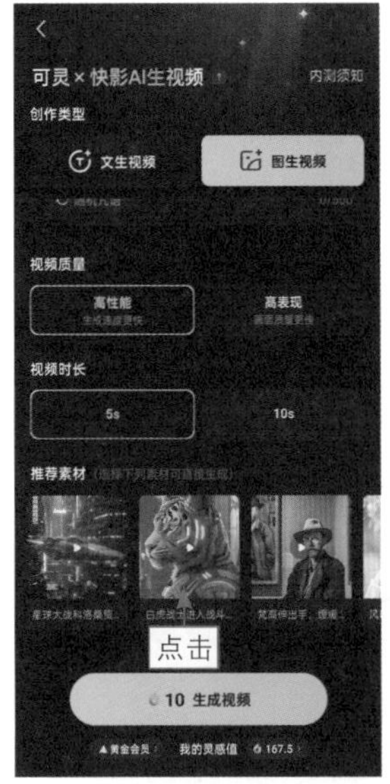

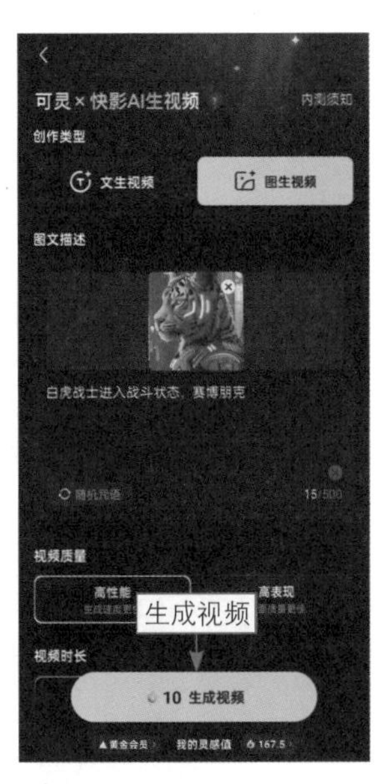

图 6-2　点击所需的素材　　图 6-3　点击“使用咒语”按钮　　图 6-4　点击“生成视频”按钮

步骤 04 执行操作后，会跳转至“处理记录”界面，进行视频的生成。生成视频后，点击“预览”按钮，如图6-5所示，预览视频效果。

步骤 05 进入“AI生视频”界面，即可查看生成的视频效果。如果用户对视频效果不满意，可以点击“重新生成”按钮，如图6-6所示，通过重新生成视频对视频效果进行调整。

图 6-5　点击“预览”按钮

图 6-6　点击“重新生成”按钮

步骤 06 弹出“创作信息”面板，点击面板中的“重新编辑”按钮，如图6-7所示，对视频的生成信息进行调整。

步骤 07 进入“可灵×快影AI生视频”界面，调整视频的生成信息，点击“生成视频”按钮，如图6-8所示，再次进行视频的生成。

图6-7 点击“重新编辑”按钮

图6-8 点击“生成视频”按钮

步骤 08 跳转至“处理记录”界面，进行视频的生成。视频生成后，点击“预览”按钮，如图6-9所示，预览视频效果。

步骤 09 进入“AI生视频”界面，即可查看调整后的视频效果，如图6-10所示。如果用户对调整后的视频效果满意，那么就完成了初步的视频生成。

图6-9 点击“预览”按钮

图6-10 查看调整后的视频效果

6.1.2　对视频进行延长

扫码看教学视频

用户可以在生成的初步视频的基础上，直接进行视频的延长，具体操作步骤如下。

步骤 01 进入对应视频的“AI 生视频”界面，点击“延长视频”按钮，如图 6-11 所示，进行视频的延长。

步骤 02 在弹出的“延长视频”面板中，点击“确认延长”按钮，如图 6-12 所示，确认延长视频。

图 6-11　点击“延长视频”按钮

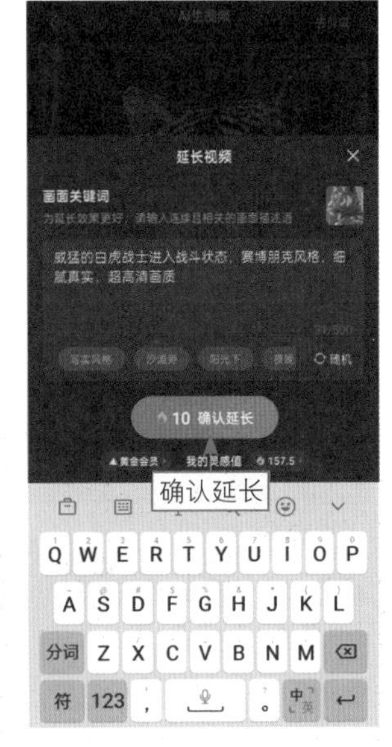

图 6-12　点击“确认延长”按钮

步骤 03 如果“处理记录”界面中出现一条新的视频，就说明视频延长成功了，点击“处理记录”界面中对应视频封面右侧的“预览”按钮，如图 6-13 所示。

步骤 04 执行操作后，即可进入视频预览界面，查看延长的视频效果，如图 6-14 所示。

图 6-13　点击“预览”按钮

图 6-14　查看延长的视频效果

★ 专家提醒 ★

使用初步生成的视频进行视频延长，是对初步生成的视频进行续写，在这种情况下，只能保证前半部分的内容是合格的，后半部分的内容仍旧具有一定的随机性。如果用户对延长的内容不满意，可以在初步生成的视频的基础上，再次进行延长操作，调整视频的延长效果。

6.1.3 优化和下载视频

扫码看教学视频

获得满意的延长视频之后，用户可以通过添加背景音乐对延长的视频进行优化，并将制作完成的延长视频下载至手机相册中，具体操作步骤如下。

步骤 01 进入“AI生视频”界面，点击界面右上方的“去剪辑”按钮，如图6-15所示，进行视频的剪辑处理。

步骤 02 执行操作后，即可进入快影App的视频编辑界面，如图6-16所示。

步骤 03 依次点击“音频”按钮和“音乐”按钮，进入“音乐库”界面，点击界面上方的搜索框，在搜索框中输入关键词，点击“搜索”按钮，如图6-17所示，对音乐进行搜索。

图6-15 点击“去剪辑”按钮

图6-16 进入视频编辑界面

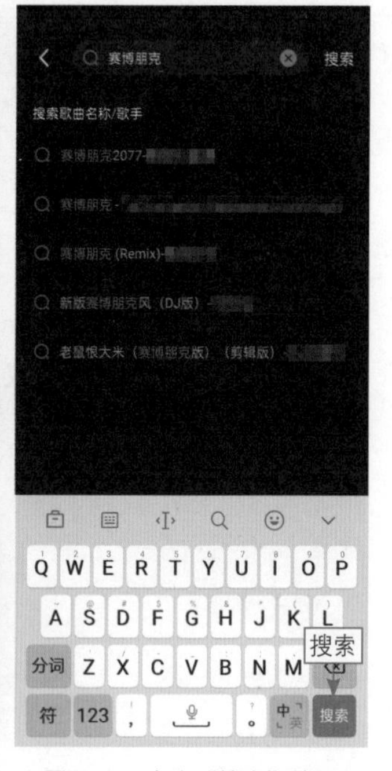

图6-17 点击“搜索”按钮

步骤 04 选择合适的音乐，点击“使用”按钮，如图6-18所示，将该音乐作为背景音乐使用。

步骤 05 执行操作后，即可为视频添加对应的背景音乐，如图6-19所示，完成视频的制作。此时，只需点击“做好了”按钮，将视频下载至手机相册中即可。

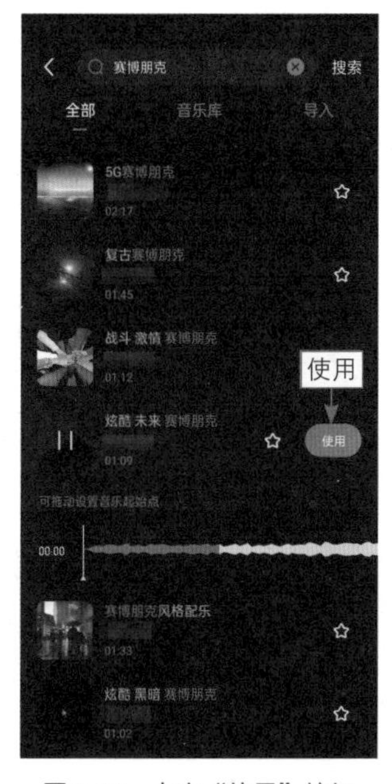

图 6-18　点击“使用”按钮

图 6-19　为视频添加背景音乐

6.2　可灵 AI 网页版视频续写实战

扫码看案例效果

【效果展示】：在可灵AI网页版中，通过“文生视频”或“图生视频”的方式生成视频之后，用户可以对生成的视频进行延长，续写视频内容，然后借助其他软件调整视频，获得满意的视频效果。图6-20所示为运用可灵AI网页版延长视频的效果。

图 6-20　运用可灵 AI 网页版延长视频的效果

6.2.1　生成初步的视频

扫码看教学视频

使用可灵AI网页版延长视频，需要先生成一条初步的视频，做好延长视频的准备，具体操作步骤如下。

步骤 01 进入“AI视频”页面的“图生视频”选项卡，上传图片素材，输入提示词，如图6-21所示，对视频内容进行描述。

图 6-21　输入提示词

步骤 02 滑动页面，单击“运动笔刷”板块中的“去绘制”按钮，如图6-22所示，对主体的运动轨迹进行设置。

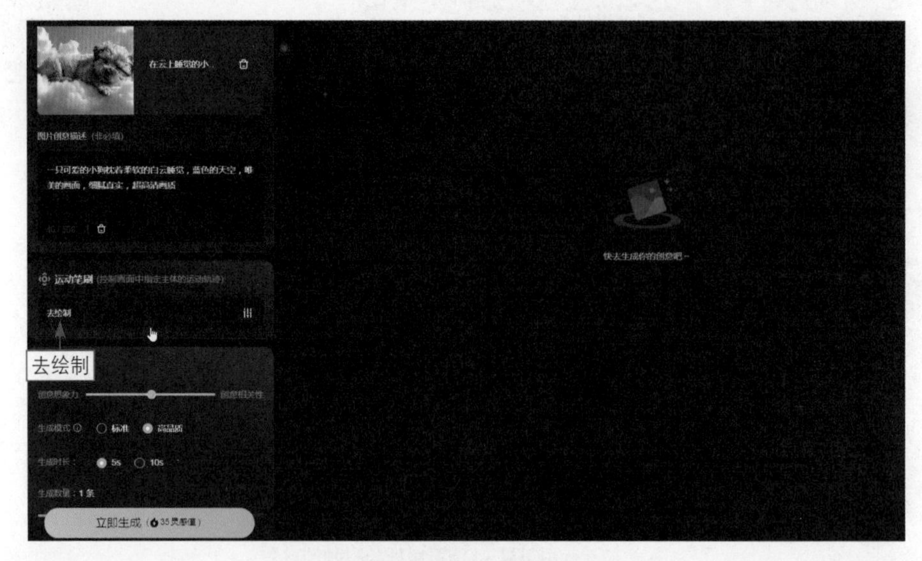

图 6-22　单击“去绘制”按钮

步骤 03 弹出“运动笔刷”对话框，启动“自动检测区域”功能，选择需要运动的区域，单击“轨迹1”按钮，如图6-23所示，对所选区域的运动轨迹进行设置。

图 6-23　单击“轨迹 1”按钮

步骤 04 在图片中按住鼠标左键移动，设置所选区域的运动轨迹，单击“确认添加”按钮，如图6-24所示，确认添加所选区域的运动轨迹。

图 6-24　单击“确认添加”按钮

步骤 05 对视频的相关参数进行设置，单击“立即生成”按钮，如图6-25所示，进行视频的生成。

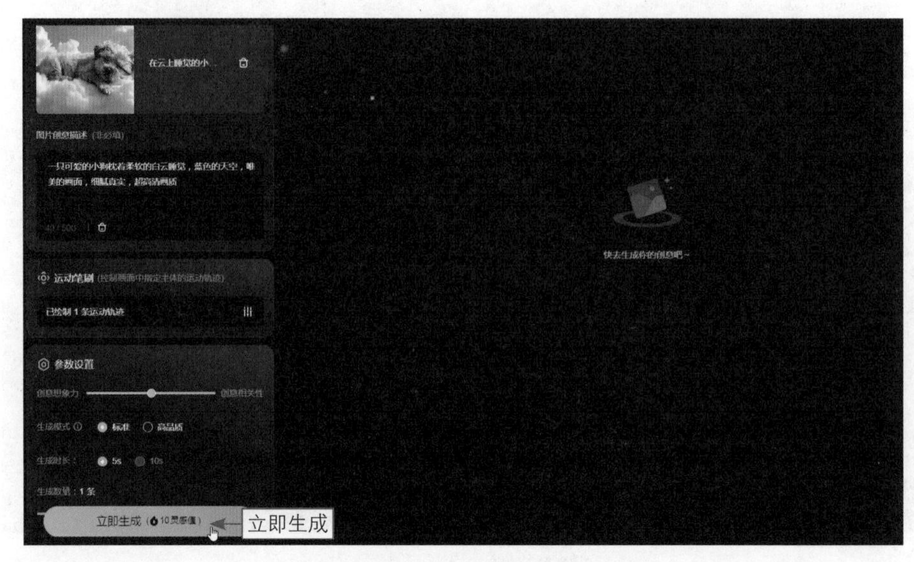

图 6-25 单击“立即生成”按钮（1）

步骤 06 执行操作后，可灵AI即可根据上传的图片和设置的参数，生成一条视频，如图6-26所示。

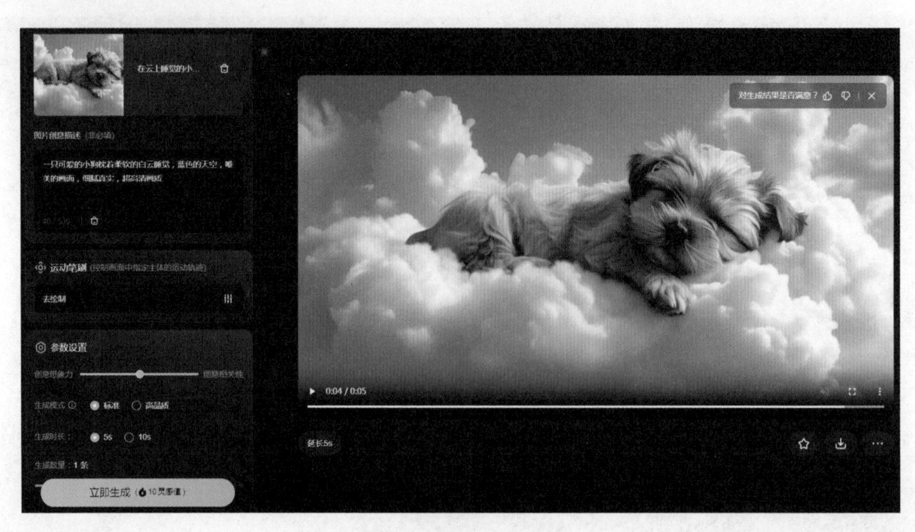

图 6-26 生成一条视频

步骤 07 如果用户对生成的视频效果不太满意，可以调整视频的生成信息，如取消运动笔刷，单击“立即生成”按钮，如图6-27所示，再次进行视频的生成。

图 6-27　单击“立即生成”按钮（2）

步骤 08 执行操作后，可灵AI即可根据调整的参数，重新生成一条视频，如图6-28所示。

图 6-28　重新生成一条视频

6.2.2　对视频进行延长

扫码看教学视频

在可灵AI网页版中，获得满意的初步视频之后，用户可以直接对初步的视频进行延长，具体操作步骤如下。

步骤 01 单击对应视频下方的“延长5s”按钮，在弹出的列表中选择“自动延长”选项，如图6-29所示。

图 6-29 选择“自动延长”选项

步骤 02 执行操作后，可灵AI会在原有视频的基础上，生成一条延长5秒的视频，如图6-30所示。

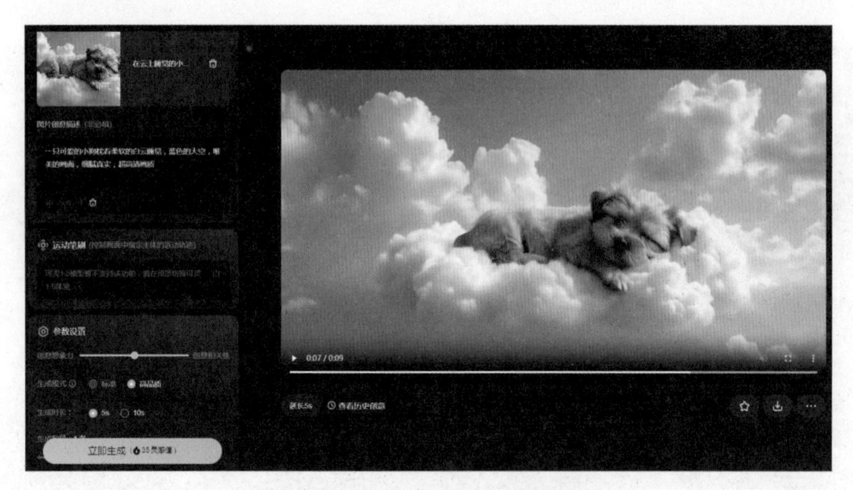

图 6-30 生成一条延长 5 秒的视频

★ 专家提醒 ★

在可灵 AI 网页版中，有两种视频延长方式，即自动延长和自定义创意延长。自动延长，就是使用原有的信息，将视频进行延长；而自定义创意延长，则可以对提示词进行调整，再进行视频的延长。

步骤 03 如果用户对视频的效果比较满意，可以将鼠标指针放置在对应视频下方的按钮上，在弹出的列表中选择“无水印下载”选项，如图6-31所示，将视频下载至电脑中备用。

图 6-31　选择“无水印下载”选项

6.2.3　优化和下载视频

扫码看教学视频

使用可灵AI网页版延长视频之后，用户可以通过剪映电脑版来优化视频，例如为延长的视频添加背景音乐。优化完成后，用户还可以将延长的视频下载至自己的电脑中，具体操作步骤如下。

步骤 01 启动剪映电脑版，将刚刚下载的视频添加至视频轨道中，单击“音频”按钮，进入对应的功能区，在搜索框中输入关键词，搜索所需的音乐，单击对应音乐右下方的“添加到轨道”按钮，如图6-32所示，为视频添加背景音乐。

图 6-32　单击“添加到轨道”按钮

步骤 02 执行操作后，即可将所选的音乐添加至音频轨道中，拖曳时间线至视频结束的位置，单击“向右裁剪”按钮，如图6-33所示，将多余的音频素材删除。

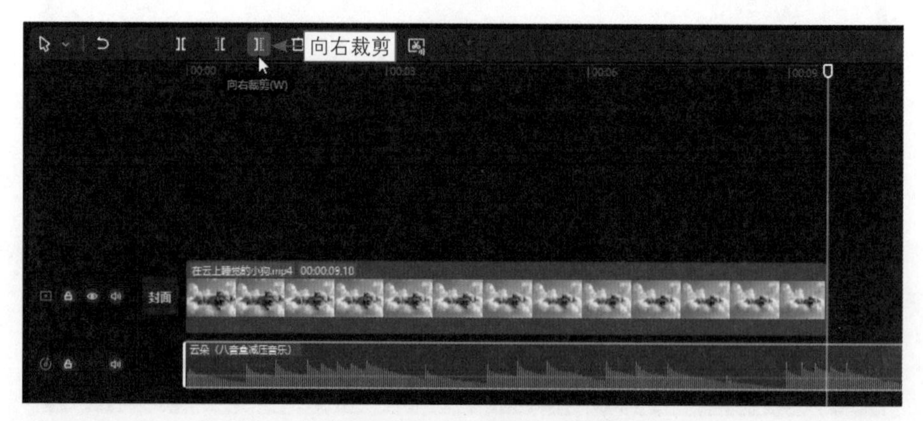

图 6-33 单击“向右裁剪”按钮

步骤 03 如果用户对视频的效果比较满意，可以单击视频剪辑界面右上方的“导出”按钮，如图6-34所示，并根据提示进行相关操作，即可将视频下载至电脑中的相应位置。

图 6-34 单击“导出”按钮

AI 绘画篇

第7章　可灵AI绘画快速入门

可灵AI手机版和网页版都带有AI绘画功能，借助该功能，用户只需输入文字或上传图片，即可生成相关的图片。当然，如果能掌握可灵AI的基础知识，用户会更容易绘制出满意的AI图片。本章就来讲解通过可灵AI进行绘画的基础知识，帮助大家快速掌握AI绘画的入门技巧。

7.1 快速了解AI绘画

在进行AI绘画之前，用户需要对AI绘画有所了解。本节就来为大家讲解AI绘画的相关知识，帮助大家快速了解AI绘画。

7.1.1 什么是AI绘画

扫码看教学视频

AI绘画是指人工智能绘画，是一种新型的绘画方式。人工智能通过学习人类艺术家创作的作品，并对其进行分类与识别，来生成新的图像。用户只需输入简单的指令，就可以让AI自动生成各种类型的图像，从而创造出具有艺术美感的绘画作品。图7-1所示为利用可灵AI创作的绘画作品。

图7-1 利用可灵AI创作的绘画作品

AI绘画主要分为两步，第一步是对图像进行分析与判断，第二步是对图像进行处理和还原。借助人工智能，用户只需输入简单易懂的文字，就可以在短时间内得到一张效果不错的图片，甚至还能快速对图片进行调整。

7.1.2 AI绘画的技术原理

扫码看教学视频

下面深入探讨AI绘画的技术原理，帮助大家进一步了解AI绘画，这有助于大家更好地理解AI是如何实现绘画创作的，以及它是如何通过不断地学习和优化来提高绘画质量的。

1. 生成对抗网络技术

AI绘画主要基于生成对抗网络，它是一种无监督学习模型，可以模拟人类艺术家的创作过程，从而生成高度逼真的图像效果。

生成对抗网络是一种通过训练两个神经网络来生成逼真图像的算法。其中，一个生成器（Generator）网络用于生成图像，另一个判别器（Discriminator）网络用于判断图像的真伪，并反馈给生成器网络。

生成对抗网络的目标是通过训练两个模型的对抗学习，生成与真实数据相似的数据样本，从而逐渐生成越来越逼真的艺术作品。GANs模型的训练过程可以简单描述为以下几个步骤，如图7-2所示。

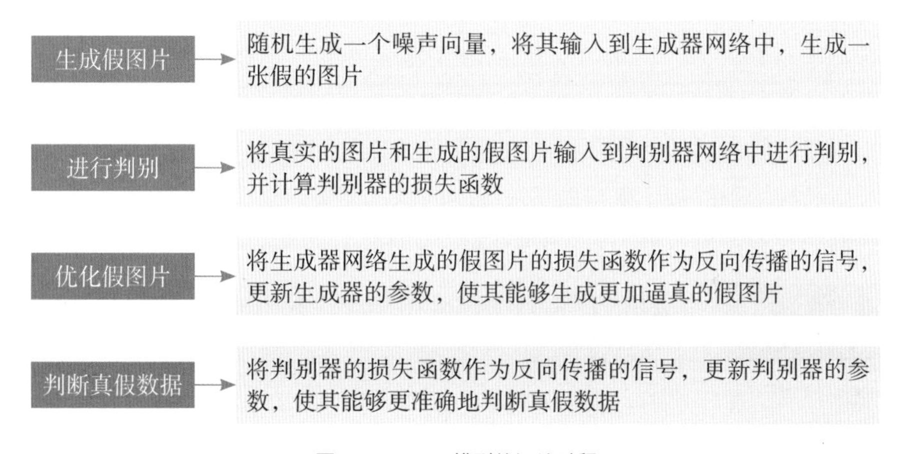

图 7-2　GANs 模型的训练过程

GANs模型的优点在于能够生成与真实数据非常相似的假数据，同时具有较高的灵活性和可扩展性。GANs是深度学习的重要研究方向之一，已经成功应用于图像生成、图像修复、图像超分辨率和图像风格转换等领域。

2. 卷积神经网络技术

卷积神经网络技术可以用于对图像进行分类、识别和分割等，同时也是实现风格转换和自适应着色的重要技术之一。卷积神经网络在AI绘画中起着重要的作用，主要表现在以下几个方面。

（1）图像分类和识别：CNN（Convolutional Neural Networks）可以对图像进行分类和识别，通过对图像进行卷积和池化等操作，提取图像的特征，最终进行分类或识别。在AI绘画中，CNN可以用于对绘画风格进行分类，或对图像中的不同部分进行识别和分割，从而实现自动着色或图像增强等操作。

（2）图像风格转换：CNN可以通过将两个图像的特征进行匹配，实现将一张图像的风格应用到另一张图像上的操作。在AI绘画中，可以通过CNN实现将一个艺术家的绘画风格应用到另一个图像上，生成具有特定艺术风格的图像。

（3）图像生成和重构：CNN可以用于生成新的图像，或对图像进行重构。在AI绘画中，可以通过CNN实现对黑白图像的自动着色，或对图像进行重构和增强，提高图像的质量和清晰度。

（4）图像降噪和杂物去除：在AI绘画中，可以通过CNN去除图像中的噪点和杂物，从而提高图像的质量和视觉效果。

总之，卷积神经网络作为深度学习的核心技术之一，在AI绘画中具有广泛的应用场景，为AI绘画的发展提供了强大的技术支持。

3. 转移学习技术

转移学习又称为迁移学习（Transfer Learning），它是将已经训练好的模型应用于新的领域或任务中的一种方法，可以提高模型的泛化能力和效率。转移学习是指利用已经学过的知识和经验来帮助解决新的问题或任务的方法，因为模型可以利用已经学到的知识来帮助解决新的问题，而不必从头开始学习。

转移学习通常可以分为以下3种类型，如图7-3所示。

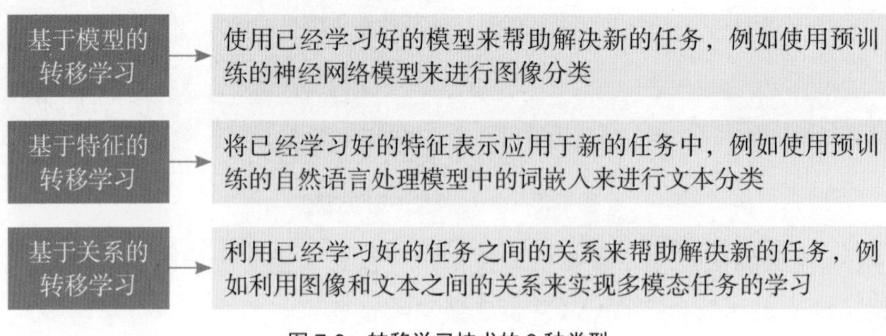

图 7-3　转移学习技术的 3 种类型

4. 图像增强技术

图像增强是指对图像进行增强操作，使其更加清晰、明亮、色彩更鲜艳或更加易于分析。图像增强可以改善图像的质量，提高图像的可视性。图7-4所示为常见的图像增强方法。

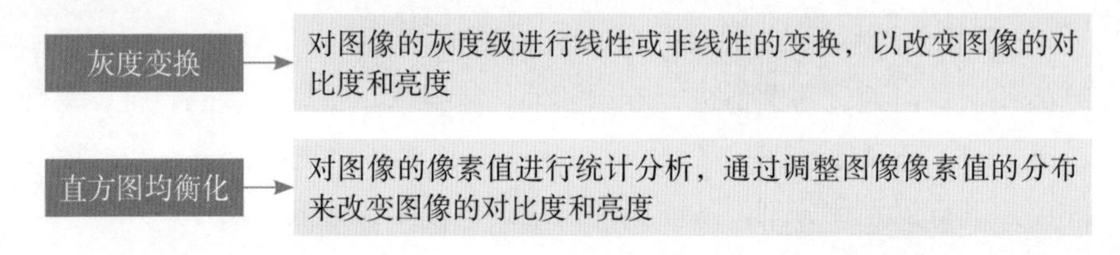

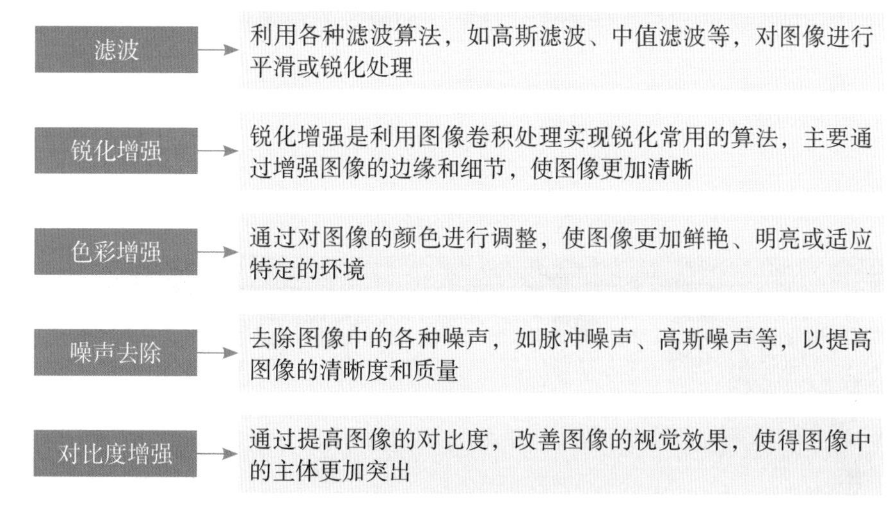

图 7-4　常见的图像增强方法

5. 图像分割技术

图像分割是将一张图像划分为多个不同区域的过程，每个区域具有相似的像素值或者语义信息。图像分割在计算机视觉领域有广泛的应用，例如目标检测、自动着色、图像语义分割、医学影像分析、图像重构等。图像分割的方法可以分为以下几类，如图7-5所示。

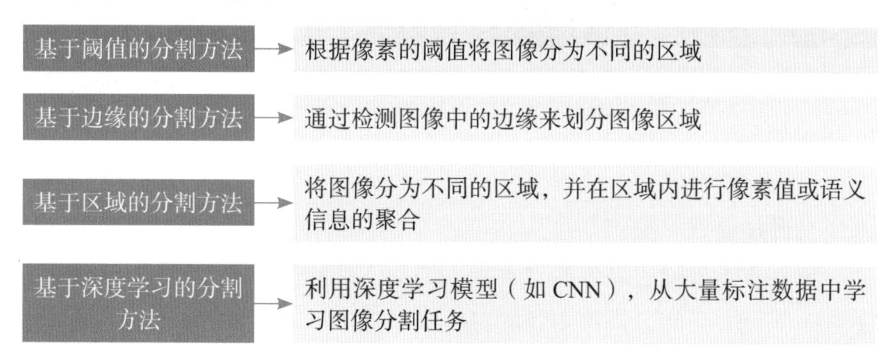

图 7-5　图像分割的方法

在实际应用中，基于深度学习的分割方法往往表现出较好的效果，尤其是在语义分割等高级任务中。同时，对于特定领域的图像分割任务，如医学影像分割，还需要结合领域知识和专业的算法来实现更好的效果。

7.1.3　AI绘画的技术特点

扫码看教学视频

AI绘画具有快速、高效、自动化等特点，它的技术特点主要在于能够利用人工智能技术和算法对图像进行处理和创作，实现艺术风格的融合和变换，提升用户的绘画创作体验。AI绘画的技术特点主要体现在以下几个方面。

1. 高度逼真

AI绘画利用生成对抗网络、变分自编码器等技术生成图像，高度逼真，实现从零开始创作新的艺术作品，效果如图7-6所示。

图 7-6　从零开始创作新的艺术作品

2. 图像增强

AI绘画利用超分辨率、去噪等技术，可以大幅提高图像的清晰度和质量，使得艺术作品更加逼真、精细。

超分辨率技术是通过硬件或软件提高原有图像的分辨率，通过一系列低分辨率的图像来得到一张高分辨率图像的过程就是超分辨率重建。

去噪技术是通信工程术语，是一种从信号中去除噪声的技术。图像去噪就是去除图像中的噪声，从而恢复真实的图像效果。

3. 风格转换

AI绘画利用卷积神经网络等技术，将一张图像的风格转换成另一张图像的风格，从而实现多种艺术风格的融合和变换。图7-7所示为利用AI创作的绘画作品，左图为摄影风格，右图为油画风格。

图 7-7　利用 AI 创作不同风格的绘画作品

4. 监督学习和无监督学习

AI绘画利用监督学习和无监督学习等技术，对艺术作品进行分类、识别、重构、优化等处理，从而实现对艺术作品的深度理解和控制。

监督学习也称为监督训练或有教师学习，它是利用一组已知类别的样本调整分类器的参数，使其达到所要求的性能；无监督学习是指根据类别未知（没有被标记）的训练样本解决模式识别中的各种问题。

7.1.4　AI绘画的主要用途

扫码看教学视频

AI绘画作为人工智能技术的一种创新应用，正逐渐渗透到多个领域，并展现出其独特的价值和广泛的用途。下面就来为大家介绍AI绘画的主要用途。

1. 艺术创作

AI绘画能够模拟和生成各种艺术风格的绘画作品，如油画、水墨画、水彩、素描等，为艺术家提供创作灵感和辅助。艺术家可以通过AI绘画快速生成多样化的艺术作品，探索新的创作方式和风格。图7-8所示为用AI创作的中国风水墨画。

图 7-8　用 AI 创作的中国风水墨画

除此之外，AI还能将不同风格的绘画作品进行风格迁移，创造出具有独特艺术魅力的新作品。这种能力为艺术家提供了更多的创作资源和可能性。

2. 设计领域

在设计过程中，AI绘画可以作为设计师的辅助工具，快速生成各种设计元素，如图案、背景、纹理等。这有助于设计师提高设计效率，缩短设计周期。通过与设计师的合作，在设计师的指导下，AI还可以提供创新的绘画设计方案，帮助设计师探索新的设计风格和方向。

3. 教育领域

AI绘画可以作为辅助教学工具，帮助学生提高绘画技能和创作能力。通过AI绘画的实践操作，学生可以更好地理解绘画原理和技术。AI绘画还能根据学生的绘画水平和兴趣爱好，提供个性化的学习资源和指导，促进学生全面发展。

4. 广告与营销

在广告行业中，AI绘画可以快速生成符合要求的广告图像，提高广告制作效率。这些图像可以用于各种宣传渠道，吸引消费者的注意力。AI绘画还能帮助品牌塑造独特的视觉形象，通过生成具有品牌特色的图像和图案，增强品牌的辨识度和记忆点。

5. 游戏与娱乐

在游戏开发中，AI绘画可以用于场景和角色的设计。图7-9所示为用AI设计的游戏角色。通过AI生成的游戏素材更加逼真和多样化，能够提升游戏的视觉效果和沉浸感。

图 7-9 用 AI 设计的游戏角色

AI绘画还可以用于生成逼真的动态效果，如火焰、水流、烟雾等，为游戏增添更多的趣味性和挑战性。

6. 虚拟现实与增强现实

在虚拟现实和增强现实领域，AI绘画可以用于场景的构建和还原。通过AI绘画生成的虚拟场景更加细腻和逼真，能够提升用户的体验和沉浸感。AI绘画还可以将传统的纸质画作进行数字化保存和展示，为艺术品的保护和传承提供了新的可能性。

综上所述，AI绘画在艺术创作、设计领域、教育、广告与营销、游戏与娱乐以及虚拟现实与增强现实等多个领域都展现出了广泛的应用前景和巨大的潜力。随着技术的不断进步和应用场景的不断拓展，AI绘画将为人们带来更多的创新和可能性。

7.2 AI 绘画的提示词编写

在可灵AI平台中进行AI绘画时，可以添加相应的提示词来对图像的整体效果进行调整优化，以获得更好的画面效果。本节主要介绍利用可灵AI平台进行AI绘画的提示词编写技巧，打造专业的AI绘画作品。

7.2.1 描述画面主体

扫码看教学视频

【效果展示】：主体是图片的重要组成部分，是引导观众视线和表现画面主题的关键元素。主体可以是人物、风景、物体等任何具有视觉吸引力的事物。图7-10所示为通过描述画面主体生成的图片效果。

图 7-10　描述画面主体生成的图片效果

下面介绍通过描述画面主体生成图片的操作方法。

步骤 01 进入可灵AI平台的"首页"页面，单击页面中的"AI图片"按钮，如图7-11所示，进行页面的切换。

步骤 02 进入可灵AI平台的"AI图片"页面，单击"创意描述"板块中的文本框，如图7-12所示。

图 7-11　单击"AI 图片"按钮

步骤 03 在“创意描述”板块的文本框中输入提示词，如图7-13所示，对画面的主体进行描述。

图 7-12　单击“创意描述”板块中的文本框

图 7-13　在文本框中输入提示词

步骤 04 根据自身需求对图片比例和生成的图片数量等生成信息进行设置，单击“立即生成”按钮，如图7-14所示，进行图片的生成。

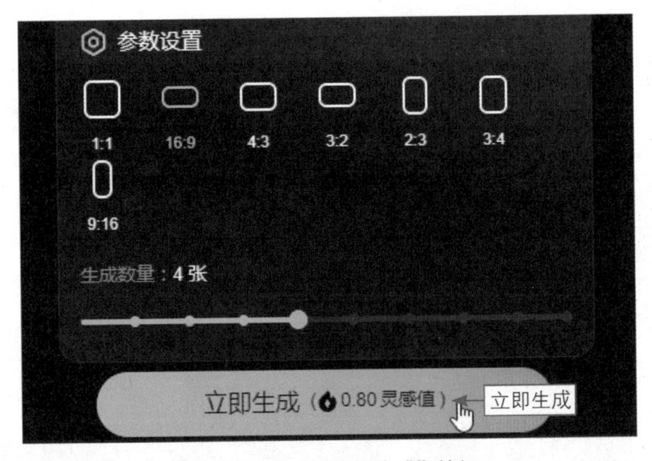

图 7-14　单击“立即生成”按钮

步骤 05 随后，可灵AI平台即可根据输入的提示词和设置的信息生成相关的图片。将鼠标指针放置在对应的图片上，单击“画质增强”按钮，如图7-15所示，对该图片的画质进行增强。

图 7-15　单击“画质增强”按钮

步骤 06 执行操作后，可灵AI平台会对所选的图片单独进行画质增强，并生成一张更加清晰的图片，如图7-16所示。

步骤 07 如果用户对增强画质后的图片比较满意，可以将其下载至自己的电脑中。具体来说，用户只需将鼠标指针放置进行画质增强的图片的按钮上，在弹出的列表中选择“无水印下载”选项，如图7-17所示，并对图片的下载信息进行设置，即可将图片下载至电脑中。

图 7-16　生成一张更加清晰的图片

图 7-17　选择“无水印下载”选项

7.2.2　展示画面场景

扫码看教学视频

【效果展示】：在AI绘画中，精心构建的提示词对于生成高质量的图像至关重要。其中，画面场景是提示词的核心部分，它不仅包括环境总体氛围的描述，还涵盖了点缀元素和其他细节的描述。通过描述画面场景生成的图片效果如图7-18所示。

图 7-18　展示画面场景生成的图片效果

下面介绍通过描述画面场景生成图片的操作方法。

步骤 01 进入可灵AI平台的“AI图片”页面，在该页面中输入提示词，对图片中的场景进行描述，设置图片的生成信息，单击“立即生成”按钮，如图7-19所示，进行图片的生成。

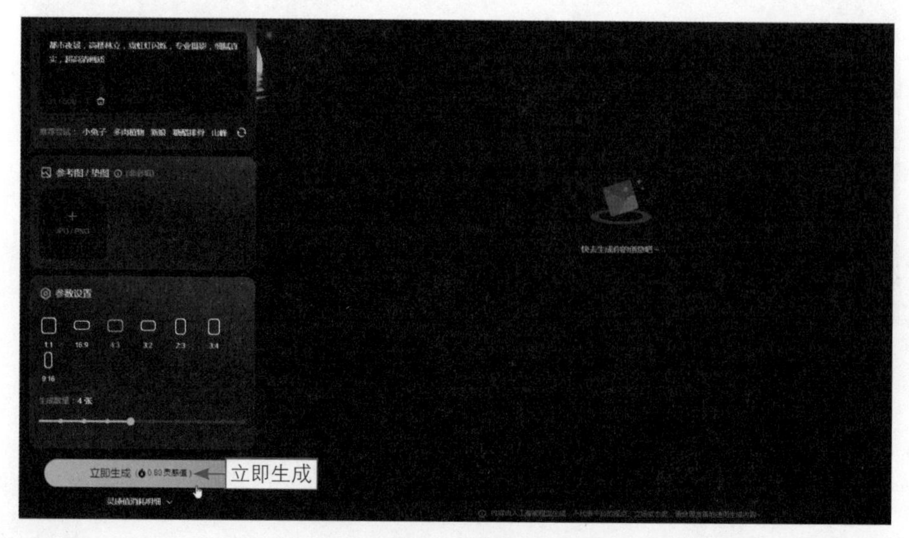

图 7-19　单击“立即生成”按钮

步骤 02 执行操作后，可灵AI平台即可根据输入的提示词和设置的信息生成图片。将鼠标指针放置在对应的图片上，单击“画质增强”按钮，如图7-20所示，对该图片的画质进行增强。

图 7-20　单击“画质增强”按钮

步骤 03 执行操作后，可灵AI平台会对所选的图片单独进行画质增强，并生成一张更加清晰的图片，如图7-21所示。

图 7-21　生成一张更加清晰的图片

7.2.3　确定构图方式

扫码看教学视频

【效果展示】：在AI绘画中，构图方式提示词是用来指导AI生成图像时遵循特定的视觉布局和结构的词汇或短语。构图是艺术作品中安排视觉元素的方式，它影响着作品的整体效果和观众的视觉体验，会影响作品的稳定性和动态感。通过确定构图方式生成的图片效果如图7-22所示。

图 7-22　通过确定构图方式生成的图片效果

下面介绍通过确定构图方式生成图片的操作方法。

步骤 01 进入可灵AI平台的“AI图片”页面，在该页面中输入提示词，确定图片的构图方式，设置图片的生成信息，单击“立即生成”按钮，如图7-23所示，进行图片的生成。

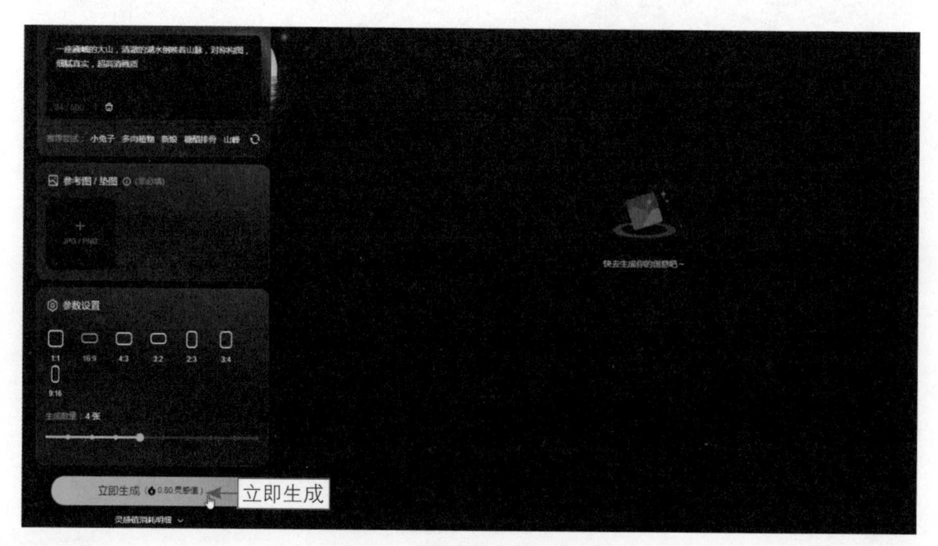

图 7-23　单击“立即生成”按钮

步骤 02 执行操作后，可灵AI平台即可根据输入的提示词和设置的信息生成图片。将鼠标指针放置在对应的图片上，单击“画质增强”按钮，如图7-24所示，对该图片的画质进行增强。

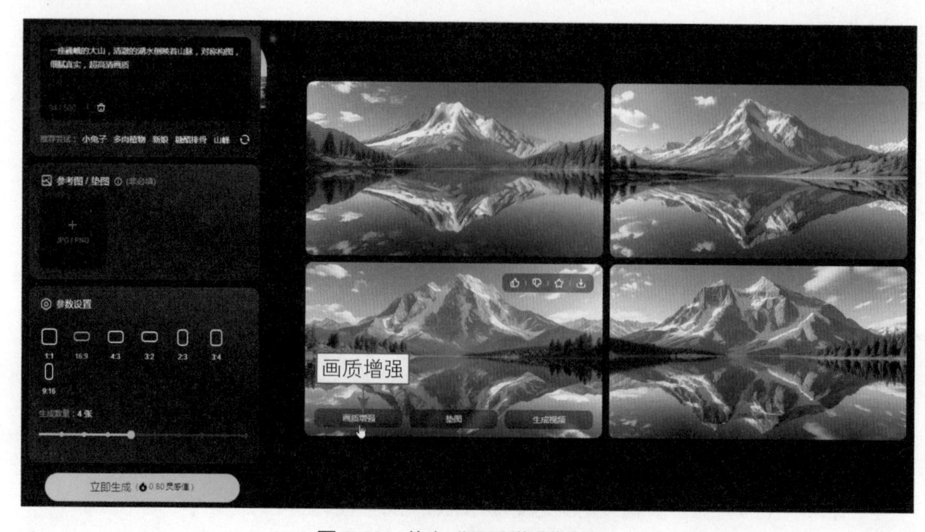

图 7-24　单击“画质增强”按钮

步骤 03 执行操作后，可灵AI平台会对所选的图片单独进行画质增强，并生成一张更加清晰的图片，如图7-25所示。

图 7-25　生成一张更加清晰的图片

7.2.4　指定绘画风格

扫码看教学视频

【效果展示】：在可灵AI平台中生成图像时，某些提示词可以帮助用户指导AI生成具有特定风格的图像，满足用户对图像艺术性的要求。通过指定绘画风格生成的图片效果如图7-26所示。

下面介绍通过指定绘画风格生成图片效果的操作方法。

图 7-26　通过指定绘画风格生成的图片效果

步骤 01 进入可灵AI平台的“AI图片”页面，在该页面中输入提示词，指定图片的艺术风格，设置图片的生成信息，单击“立即生成”按钮，如图7-27所示，进行图片的生成。

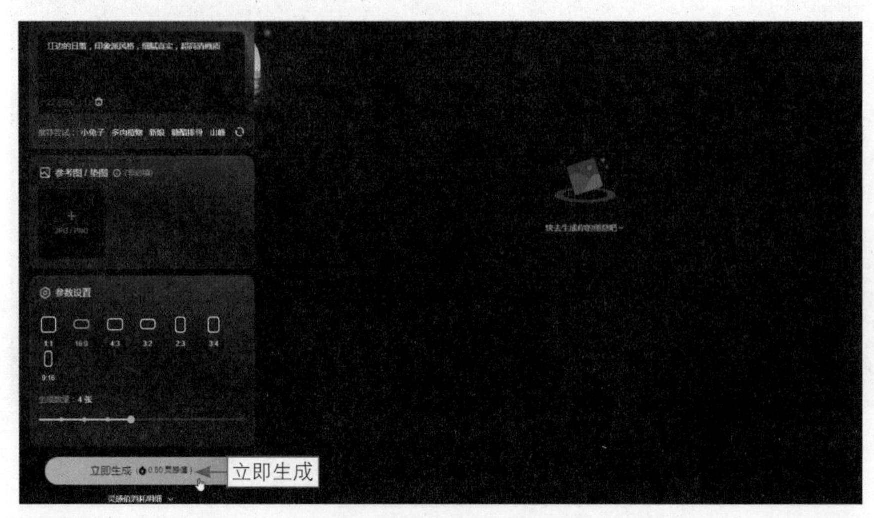

图7-27　单击“立即生成”按钮

步骤 02 执行操作后，可灵AI平台即可根据输入的提示词和设置的信息生成图片。将鼠标指针放置在对应的图片上，单击“画质增强”按钮，如图7-28所示，对该图片的画质进行增强。

步骤 03 执行操作后，可灵AI平台会对所选的图片单独进行画质增强，并生成一张更加清晰的图片，如图7-29所示。

图7-28　单击“画质增强”按钮

图 7-29　生成一张更加清晰的图片

★ 专 家 提 醒 ★

用户可以在提示词中明确指出希望AI绘画作品所具有的艺术绘画风格，如“印象派”“现实主义”“立体主义”等。通过艺术绘画风格提示词，AI能够理解并模仿特定艺术流派或艺术家的绘画技巧和视觉特征。

7.2.5　使用品质参数

扫码看教学视频

【效果展示】：在可灵AI平台中生成图像时，品质参数提示词可以帮助用户指导AI模型生成更高质量的图像，满足用户对图像质量的要求。图7-30所示为通过设置品质参数生成的图片效果。

图 7-30　通过设置品质参数生成的图片效果

下面介绍通过添加品质参数提示词生成图片的操作方法。

步骤 01 进入可灵AI平台的“AI图片”页面，在该页面中输入提示词，确定图片的品质参数，设置图片的生成信息，单击“立即生成”按钮，如图7-31所示，进行图片的生成。

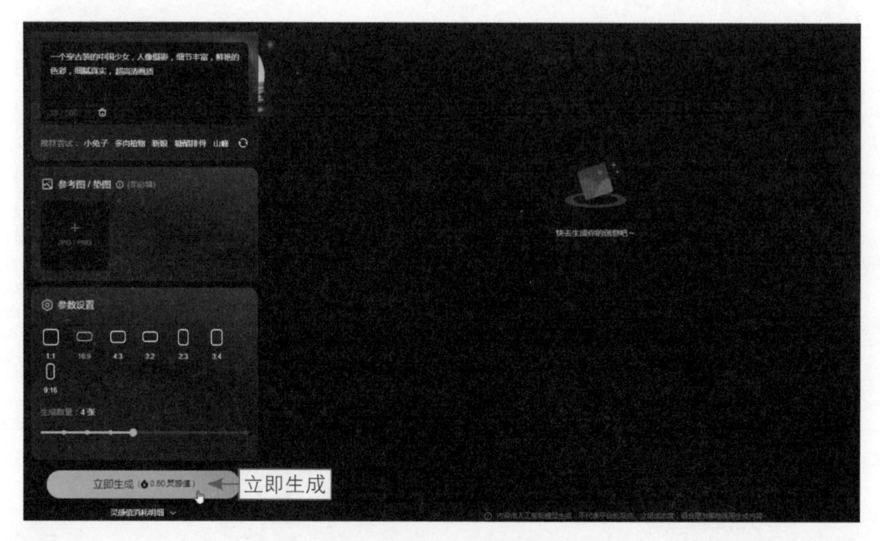

图 7-31　单击“立即生成”按钮

步骤 02 执行操作后，可灵AI平台即可根据输入的提示词和设置的信息生成图片。将鼠标指针放置在对应的图片上，单击“画质增强”按钮，如图7-32所示，对该图片的画质进行增强。

图 7-32　单击“画质增强”按钮

步骤 03 执行操作后，可灵AI平台会对所选的图片单独进行画质增强，并生成一张更加清晰的图片，如图7-33所示。

图 7-33　生成一张更加清晰的图片

★ 专家提醒 ★

下面是添加指定品质参数提示词的作用。

（1）指定分辨率：如“4K 分辨率”“8K 分辨率”等提示词，可以确保图像具有高清晰度。注意，AI 只是模拟类似的品质效果，实际分辨率通常是达不到的。

（2）强调清晰度：如“高清”“超清”等提示词，可以指导 AI 生成图像时保持高清晰度，减少模糊或噪点。

（3）提升色彩质量：如“鲜艳的色彩”“色彩准确”等提示词，可以确保图像的色彩鲜明且接近真实。

（4）提升细节丰富度：如“细节丰富”“精致细节”等提示词，可以帮助 AI 在生成图像时保留或增强视觉细节。

（5）加强风格一致性：如“统一风格”“风格一致”等提示词，可以确保图像整体风格协调，没有突兀或不协调的元素。

（6）增加视觉效果：如“视觉冲击力”“吸引眼球”等提示词，可以帮助 AI 创作出能够引起观众强烈情感反应的图像。

（7）技术标准：如“屡获殊荣的摄影作品”“专业水准”等提示词，可以确保 AI 生成的图像达到一定的技术质量和专业度。

第8章　使用文字绘画的实战技巧

使用文字绘画，也就是“文生图”，是指输入文字信息（即提示词）来进行AI绘画，生成相关的AI图片。本章将结合两个具体的案例，为大家讲解可灵AI手机版和网页版的“文生图”实战技巧。

8.1　可灵 AI 手机版的文生图

【效果展示】：利用可灵AI手机版的“自由创作”功能，用户可以根据需求输入提示词，描述图片内容，自由创作出想要的图片，效果如图8-1所示。

图 8-1　自由创作的图片效果

8.1.1　设置图片的生成信息

扫码看教学视频

要使用可灵AI手机版的“自由创作”功能创作图片，需要先对图片的生成信息进行设置，下面介绍具体的操作步骤。

步骤 01 打开快影App，进入“AI创作”界面，点击“AI作图”板块中的“立即体验”按钮，如图8-2所示，启用“AI作图”功能。

步骤 02 进入“AI作图”界面的“自由创作”选项卡，点击“生成风格”板块中的对应按钮，调整绘画的风格，如点击“3D萌娃”按钮，如图8-3所示。

步骤 03 执行操作后，如果“3D萌娃”风格被选中，就说明绘画风格调整成功了。点击界面中的文本框，在“画面关键词”板块的文本框中输入提示词，如图8-4所示，即可完成图片生成信息的设置。

★ 专 家 提 醒 ★

在使用“AI 作图”功能生成图片时，用户既可以根据需求输入提示词，又可以让快影App 随机生成提示词。具体来说，用户只需点击“画面关键词”板块中的“随机”按钮，即可让快影 App 随机输入提示词。

图 8-2 点击"立即体验"按钮

图 8-3 点击"3D 萌娃"按钮

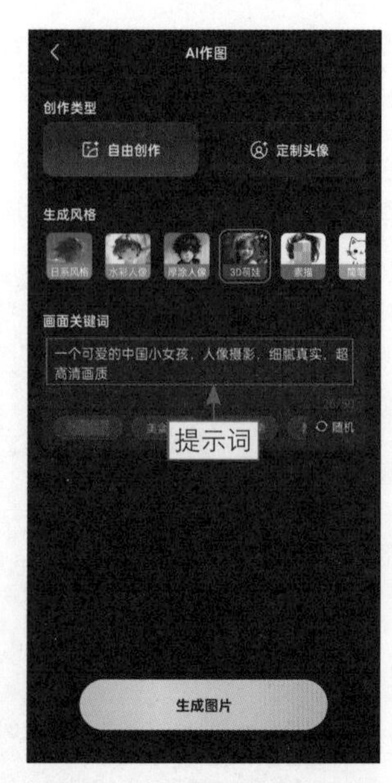

图 8-4 在文本框中输入提示词

8.1.2 初步生成图片

扫码看教学视频

设置好图片生成信息之后，用户只需执行如下操作，即可生成初步的图片。

步骤 01 点击"AI 作图"界面中的"生成图片"按钮，如图 8-5 所示，进行图片的生成。

步骤 02 执行操作后，快影 App 会根据设置的绘画风格和输入的提示词初步生成 4 张图片，如图 8-6 所示。

图 8-5 点击"生成图片"按钮

图 8-6 初步生成 4 张图片

8.1.3　调整图片效果

扫码看教学视频

如果用户对初步生成的图片不太满意，可以通过如下操作对图片效果进行调整。

步骤 01 点击“AI作图”界面中的“调整”按钮，如图8-7所示，对绘画信息进行调整。

步骤 02 弹出“调整”面板，在该面板中调整AI绘画的相关信息，点击“再次生成”按钮，如图8-8所示，使用调整后的信息再次进行AI绘画。

步骤 03 执行操作后，即可使用调整后的绘画信息，重新生成4张图片。如果用户对生成的这4张图片不太满意，可以点击“展示更多”按钮，如图8-9所示，生成更多的图片。

步骤 04 执行操作后，即可使用调整后的绘画信息，再次生成4张图片，如图8-10所示。

★ 专家提醒 ★

在“AI作图”界面中不一定能一次性生成满意的图片，对此，用户可以多次点击“展示更多”按钮，查看更多相关的图片。

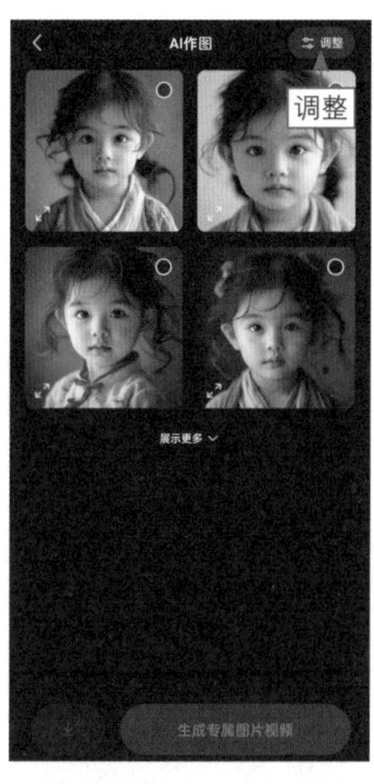

图8-7　点击“调整”按钮

图8-8　点击“再次生成”按钮

图8-9　点击“展示更多”按钮

图8-10　再次生成4张图片

8.1.4 下载图片

扫码看教学视频

通过调整获得满意的AI图片之后，用户可以将图片放大，并将图片下载至手机相册中，具体操作步骤如下。

步骤 01 生成满意的图片之后，点击对应的图片，如图8-11所示，放大该图片。

步骤 02 执行操作后，即可查看图片的放大效果，如图8-12所示。

步骤 03 如果用户对该图片比较满意，可以选中“选择”复选框，点击⬇按钮，如图8-13所示，将图片下载至手机相册中。

图 8-11 点击对应的图片

图 8-12 查看图片的放大效果

图 8-13 点击⬇按钮

8.2 可灵 AI 网页版的文生图

【效果展示】：除了可灵AI手机版，可灵AI网页版同样具有“文生图”功能用来进行AI绘画。图8-14所示为使用可灵AI网页版“文生图”功能制作的AI图片效果。

图 8-14　使用可灵 AI 网页版“文生图”功能制作的 AI 图片效果

8.2.1　设置图片的生成信息

扫码看教学视频

在使用可灵AI网页版的“文生图”功能生成AI图片时，用户需要根据自身需求，对提示词和参数等信息进行设置，从而更好地引导可灵生成相关的图片。下面为大家介绍设置图片生成信息的具体操作步骤。

步骤 01 进入可灵AI平台的“AI图片”页面，单击“创意描述”板块中的文本框，在该文本框中输入提示词，如图8-15所示，描述AI绘画的图片信息。

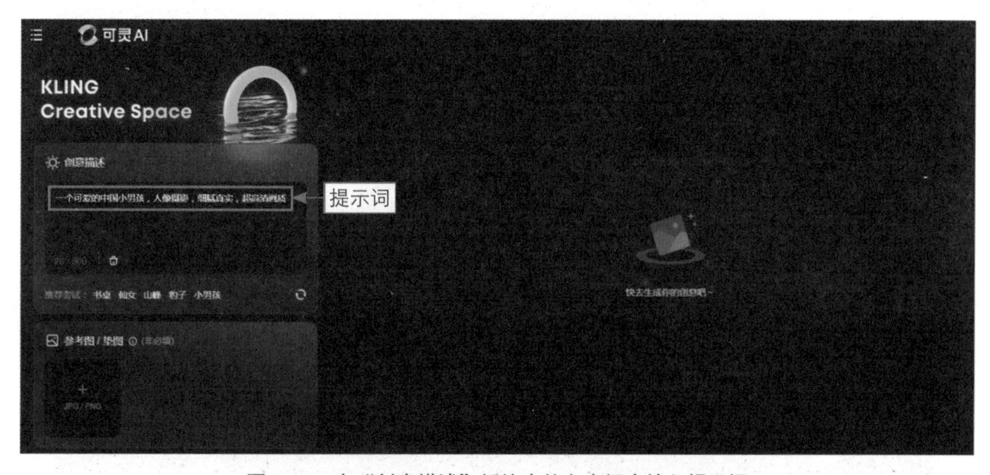

图 8-15　在“创意描述”板块中的文本框中输入提示词

步骤 02 根据自身需求对图片比例和生成的图片数量等参数进行设置，如图8-16所示，即可完成图片生成参数的设置。

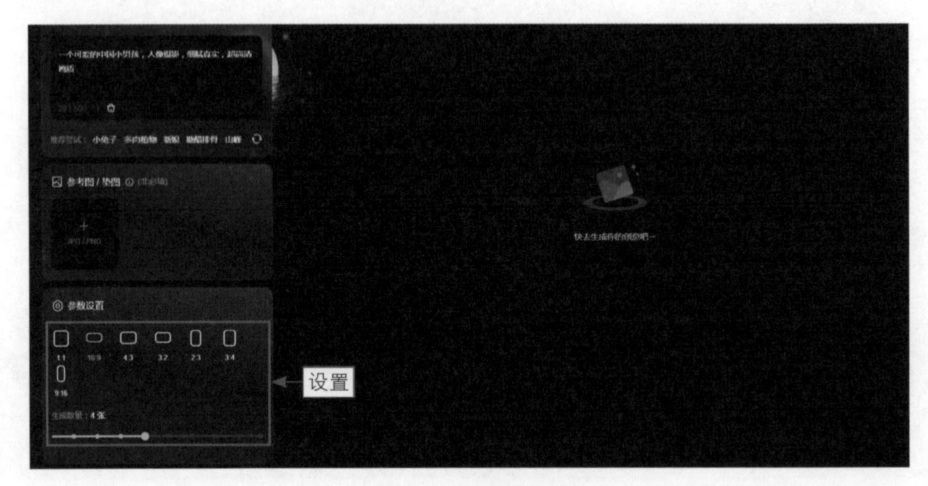

图 8-16　对参数进行设置

8.2.2　生成初步的图片

扫码看教学视频

完成图片生成信息的设置之后，用户可以通过简单的操作，快速生成初步图片，具体操作步骤如下。

步骤 01 根据自身需求设置图片的生成信息之后，单击“立即生成”按钮，如图8-17所示，进行图片的生成。

图 8-17　单击“立即生成”按钮

步骤 02 随后，可灵AI平台即可根据输入的提示词和设置的参数初步生成图片，如图8-18所示。

图 8-18　初步生成图片

8.2.3　调整图片效果

扫码看教学视频

如果发现初步生成的图片效果不太好，用户可以对提示词和参数信息进行调整，重新生成其他的图片，完成图片效果的调整，具体操作步骤如下。

步骤 01 根据自身需求对图片的生成信息进行调整，单击“立即生成”按钮，如图8-19所示，进行图片的生成。

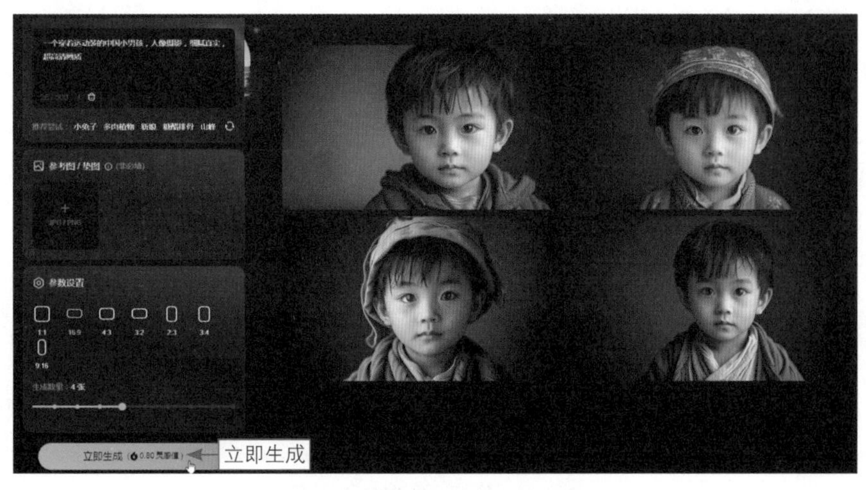

图 8-19　单击“立即生成”按钮

步骤 02 执行操作后，可灵AI平台即可使用调整后的信息，重新生成图片，如图8-20所示。

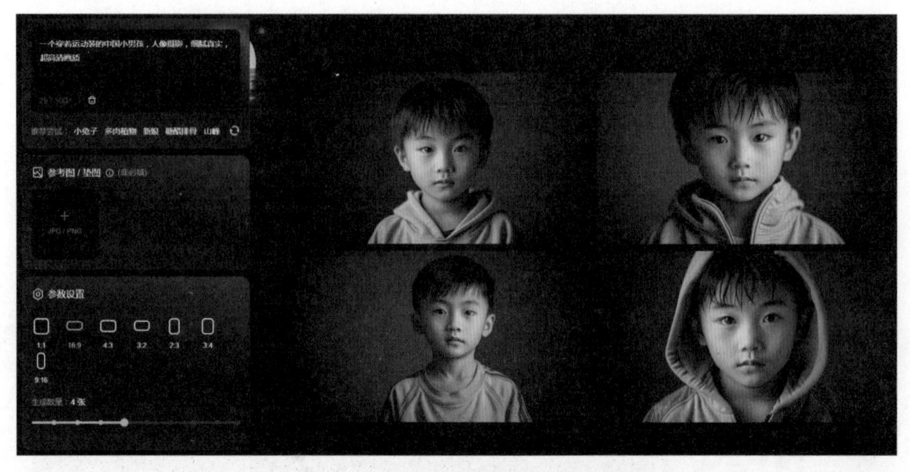

图 8-20　使用调整后的信息重新生成图片

8.2.4　下载图片

扫码看教学视频

生成满意的AI图片之后，用户可以对图片进行画质增强，并将增强画质的图片下载至电脑中的相应位置，具体操作步骤如下。

步骤 01 如果生成了满意的图片，可以将鼠标指针放置在对应的图片上，单击“画质增强”按钮，如图8-21所示，对该图片的画质进行增强。

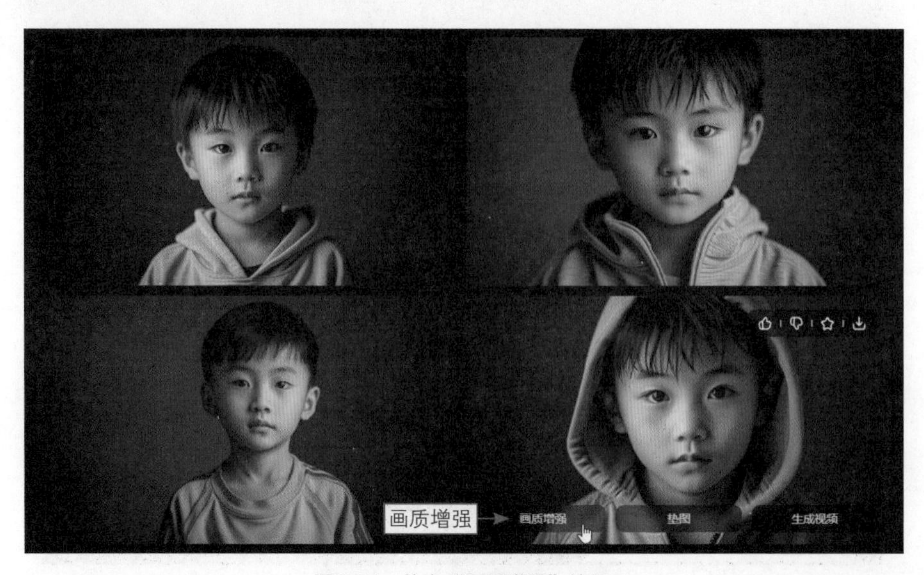

图 8-21　单击“画质增强”按钮

步骤 02 执行操作后，可灵AI平台会对所选的图片单独进行画质增强，并生成一张更加清晰的图片，如图8-22所示。

图 8-22　生成一张更加清晰的图片

步骤 03 如果用户对增强画质后的图片比较满意，可以将其下载至自己的电脑中。具体来说，用户只需将鼠标指针放置在增强画质的图片的下载按钮上，在弹出的列表中选择“无水印下载”选项，如图8-23所示，即可进行图片的下载。

图 8-23　选择“无水印下载”选项

步骤 04 弹出“新建下载任务”对话框，在该对话框中设置图片的下载信息，单击“下载”按钮，如图8-24所示，即可将图片下载至电脑中的相应位置。

图 8-24 单击“下载”按钮

步骤 05 执行操作后，弹出“下载”对话框，如果该对话框的“已完成”选项卡中显示对应的文件名称，就说明图片下载成功了，如图8-25所示。

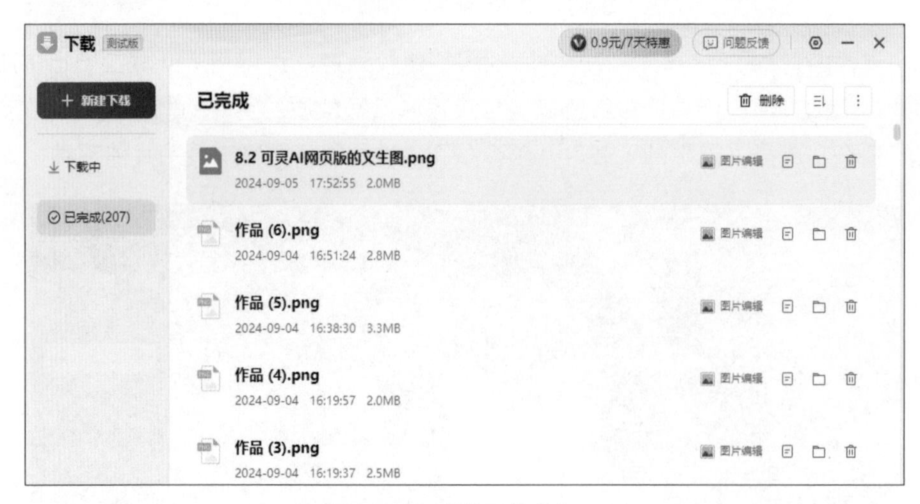

图 8-25 图片下载成功

第9章　上传参考图绘画的实战技巧

上传参考图绘画，是指先上传一张图片，让可灵AI将其作为参考图进行图片生成。在可灵AI手机版和网页版中，用户都可以通过上传参考图来进行绘画。本章将结合具体的案例，为大家讲解上传参考图进行绘画的实战技巧。

9.1　实战案例1：变装图片绘画

【效果对比】：使用快影App的“AI变装”功能，可以改变图片中人物的装扮，快速调整画面的内容。例如，用户可以上传一张自己的照片，通过“AI变装”，快速制作一张变装图片。参考图和变装效果图对比如图9-1所示。

图9-1　参考图和变装效果图对比

9.1.1　生成变装视频

扫码看教学视频

使用“AI变装”功能制作变装图片，需要先上传图片，再生成相关的视频，具体操作步骤如下。

步骤01 打开快影App，进入“AI创作”界面，点击“AI变装”板块中的“立即体验”按钮，如图9-2所示，启用“AI变装”功能。

步骤02 进入“相机胶卷”界面，在该界面中选择一张自己的照片，如图9-3所示，进行参考图的上传。

步骤03 执行操作后，即可进入“AI变装”界面，并使用上传的参考图生成一条变装视频，如图9-4所示。

图 9-2　点击“立即体验”按钮

图 9-3　选择一张照片

图 9-4　生成一条变装视频

9.1.2　调整变装效果

扫码看教学视频

上传参考图之后，快影App会随机改变照片中人物的发色等。如果用户对变装的效果不太满意，或者还需要改变照片中的其他信息，可以根据自身需求进行相关的调整，具体操作步骤如下。

步骤 01 点击“AI 变装”界面中的“继续变装”按钮，如图 9-5 所示，进行变装信息的调整。

步骤 02 进入 AI 变装设置面板的“变发色”选项卡，如图 9-6 所示。

步骤 03 在“变发色”选项卡的文本框中输入提示词，调整人物的发色，点击“重新生成”按钮，如图 9-7 所示，使用调整发色后的图片重新

图 9-5　点击“继续变装”按钮（1）

图 9-6　进入“变发色”选项卡

生成视频。

★ 专家提醒 ★

快影 App 的“AI 变装”功能虽然能对发色、服装和场景进行调整，但是每次只能调整一项信息。因此，如果用户需要对照片中的多项信息进行调整，需要在每次调整信息之后生成视频，再在此基础上进一步进行调整，直至所有的信息都调整完毕。

步骤 04 执行操作后，即可查看调整发色后的视频效果。如果用户还要调整其他的变装内容，可以点击“继续变装”按钮，如图9-8所示。

步骤 05 进入AI变装设置面板的“变发色”选项卡，点击“变服装”按钮，如图9-9所示，进行选项卡的切换。

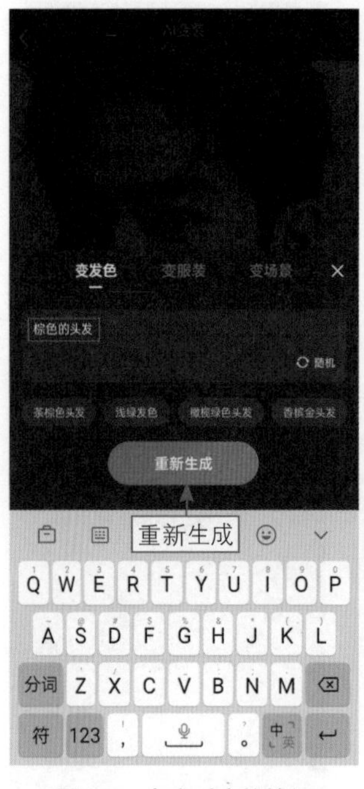

图 9-7 点击对应的按钮

图 9-8 点击“继续变装”按钮（2）

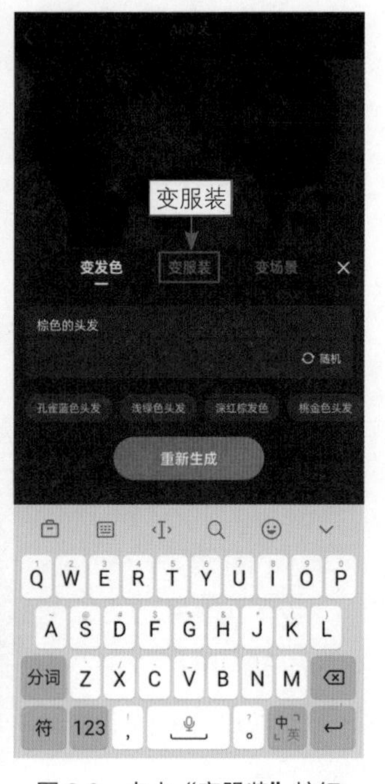

图 9-9 点击“变服装”按钮

步骤 06 切换至“变服装”选项卡，在该选项卡的文本框中输入提示词，调整人物的服装，点击“重新生成”按钮，如图9-10所示，使用调整服装后的图片重新生成视频。

步骤 07 执行操作后，即可查看调整服装后的视频效果，如图9-11所示。

★ 专家提醒 ★

如果用户要调整变装视频的效果，只需单击“AI 变装”界面中的对应按钮即可。需要注意的是，视频效果的调整，不会对最终的变装图片产生任何影响。

图 9-10　点击“重新生成”按钮

图 9-11　查看调整服装后的视频效果

9.1.3　下载变装图片

扫码看教学视频

用户可以通过效果的切换，查看变装图片的效果，如果用户对变装图片比较满意，可以将其下载至手机相册中，具体操作步骤如下。

步骤 01 点击“AI变装”界面中的“图片”按钮，如图9-12所示，进行变装效果的切换。

步骤 02 执行操作后，即可根据设置的变装信息生成变装图片，如图9-13所示。如果用户对变装图片比较满意，可以点击下载按钮，将该图片下载至手机相册中。

★ 专家提醒 ★

通过“AI 变装”功能生成的图片有时候有些模糊，如果用户对图片的清晰度有比较高的要求，可以通过后期处理调整图片的清晰度，提升图片的观赏效果。

图 9-12　点击“图片”按钮

图 9-13　生成变装图片

9.2 实战案例 2：漫画风图片绘画

借助快影App的“AI绘画”功能和手机相册中的截图，即可制作出可爱风、漫画风和赛博风图片。图9-14所示为参考图和漫画风图片效果的对比。

图 9-14 参考图和漫画风图片效果的对比

9.2.1 生成绘画视频

利用“AI绘画”功能制作漫画风图片，需要先通过如下步骤生成漫画风的绘画视频。

扫码看教学视频

步骤 01 打开快影App，进入“AI创作”界面，点击“AI绘画”板块中的“漫画风”按钮，如图9-15所示，进行绘画模式的切换。

步骤 02 点击“立即体验”按钮，如图9-16所示，启用“AI绘画”功能。

步骤 03 进入“相机胶卷”界面，选择要上传的图片，点击“选好了”按钮，如图9-17所示，进行图片的上传。

步骤 04 执行操作后，即可使用上传的图片，制作“频闪开幕”效果的视频，如图9-18所示。

图 9-15　点击“漫画风”按钮

图 9-16　点击“立即体验”按钮

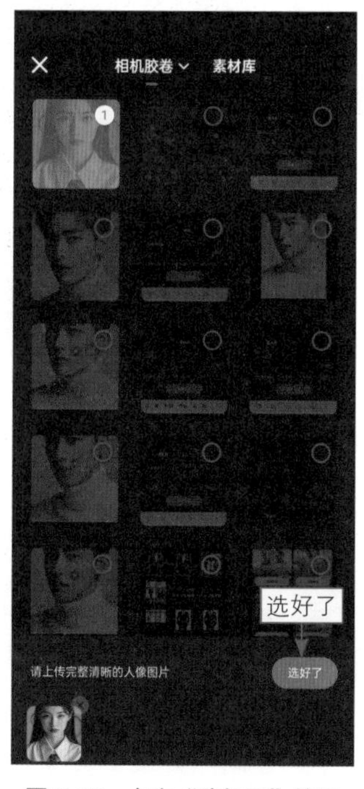

图 9-17　点击“选好了”按钮

图 9-18　“频闪开幕”效果的视频

9.2.2 调整绘画效果

扫码看教学视频

用户可以点击相应的按钮，调整AI绘画的视频效果，并将对效果满意的视频下载至手机相册中备用，具体操作步骤如下。

步骤 01 点击相应的按钮，进行视频绘画效果的调整，如点击“伤感飘雪”按钮，如图9-19所示。

步骤 02 执行操作后，即可调整绘画效果，为视频添加“伤感飘雪”效果，如图9-20所示。

步骤 03 点击⬇按钮，进行视频的下载。如果在新弹出的界面中显示导出完成的相关信息，就说明视频下载成功了，如图9-21所示。

图9-19 点击“伤感飘雪”按钮

图9-20 为视频添加“伤感飘雪”效果

图9-21 视频下载成功

9.2.3 获取绘画图片

扫码看教学视频

下载AI绘画视频之后，用户可以通过视频截图，获取漫画风的图片。下面就以手机相册的视频截图为例，为大家讲解具体的操作技巧。

步骤 01 打开手机，点击手机桌面上的“相册”图标，如图9-22所示，查看手机相册内容。

步骤 02 进入手机相册，选择刚刚下载的视频，如图9-23所示，查看该视频的具体内容。

步骤 03 进入视频内容的预览界面并播放视频，点击界面右上方的按钮，如图9-24所示，即可获取对应视频画面的图片。

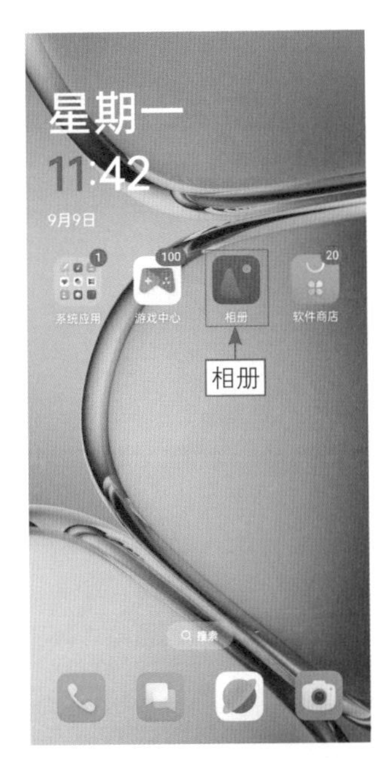

图 9-22　点击“相册”图标

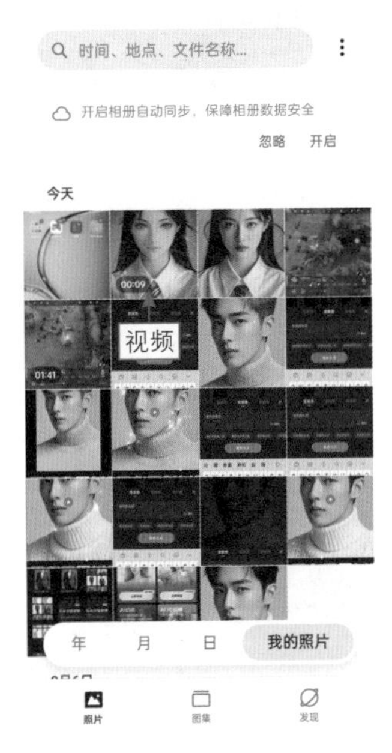

图 9-23　选择刚刚下载的视频

图 9-24　点击按钮

第10章 通过垫图绘画的实战技巧

通过垫图绘画，就是在可灵AI平台中先生成相对满意的图片，再将该图片作为参考图进行AI绘画，从而生成更加满意的图片。本章将通过两个具体案例为大家讲解通过垫图进行绘画的实战技巧。

10.1　实战案例 1：美食图片的绘画

【效果对比】：借助可灵AI平台的垫图绘画功能，用户可以生成各种美食图片。例如，用户可以先生成一张参考图，再利用该图片来生成最终的效果。参考图和效果图对比如图10-1所示。

图 10-1　参考图和效果图对比

10.1.1　生成参考图

扫码看教学视频

在使用垫图绘画功能制作美食图片时，用户可以通过“文生图”或“图生图”的方式，先生成一张参考图。下面就以“文生图”为例，为大家讲解生成参考图的具体操作步骤。

步骤 01 在“AI图片”页面中，在“创意描述”板块的文本框中输入提示词，描述AI绘画的图片信息，在“参数设置”板块中设置图片的比例和生成数量等信息，单击“立即生成”按钮，如图10-2所示，进行美食图片的生成。

步骤 02 随后，可灵AI平台即可根据输入的提示词和设置的参数生成相关图片，将鼠标指针放置在对应的图片上，单击“画质增强”按钮，如图10-3所示，增强该图片的画质。

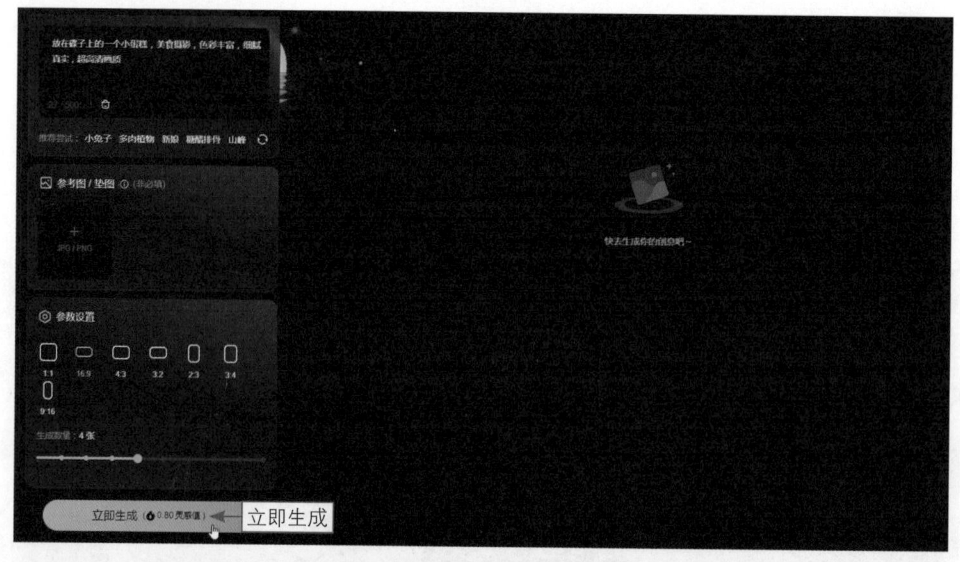

图 10-2　单击“立即生成”按钮

图 10-3　单击“画质增强”按钮

步骤 03 执行操作后，可灵AI平台会对所选的美食图片单独进行画质增强，并生成一张参考图，如图10-4所示。

★ 专家提醒 ★

虽然可灵 AI 平台能根据用户输入的提示词来生成图片，但是目前可灵 AI 的模型可能还不够成熟，所以有的图片看起来还不够真实。对此，用户可以尽量选择相对简单的内容进行绘制，降低绘画的难度。

图 10-4　生成一张参考图

10.1.2　通过垫图进行绘画

扫码看教学视频

生成参考图之后，用户可以将该图片添加至“参考图/垫图”板块中，通过垫图进行绘画，具体操作步骤如下。

步骤 01 将鼠标指针停留在增强画质的图片上，单击“垫图”按钮，如图10-5所示，将增强的画质图片作为参考图使用。

图 10-5　单击“垫图”按钮

步骤 02 如果“参考图/垫图”板块中出现增强的画质图片，就说明该图片成功作为参考图，设置相关参数，单击“立即生成”按钮，如图10-6所示，即可将增强画质的图片作为参考图生成新的图片。

图 10-6　单击“立即生成”按钮

步骤 03 执行操作后，可灵AI平台即可通过垫图进行AI绘画，生成相关的图片，如图10-7所示。

图 10-7　生成相关的图片

10.1.3　调整并下载图片

扫码看教学视频

通过垫图进行AI绘画之后，如果用户对生成的图片效果不太满意，可以根据自身需求进行调整，生成效果更好的图片，并将图片下载至电脑中备用，具体操作步骤如下。

步骤01 调整提示词，单击“立即生成”按钮，如图10-8所示，进行图片的生成。

图 10-8　单击“立即生成”按钮

步骤02 执行操作后，即可使用调整后的提示词进行AI绘画，生成相关的图片，将鼠标指针放置在对应的图片上，单击“画质增强”按钮，如图10-9所示，该图片的画质增强图。

图 10-9　单击“画质增强”按钮

步骤03 执行操作后，可灵AI平台会对所选的图片单独进行画质增强，并生成一张更加清晰的图片，如图10-10所示。

图 10-10　生成一张更加清晰的图片

步骤 04 如果用户对增强画质后的图片比较满意，可以将其下载至自己的电脑中。具体来说，用户只需将鼠标指针放置在增强画质的图片的下载按钮上，在弹出的列表中选择“无水印下载”选项，如图10-11所示，并根据提示进行操作，即可将图片下载至电脑中的相应位置。

图 10-11　选择“无水印下载”选项

10.2　实战案例 2：商品图片的绘画

【效果对比】：在设计商品样式时，用户可以在可灵AI平台中进行AI绘画，将设计灵感变成具体的图片。例如，用户可以先通过“文生图”制作参考图，再利用参考图获得更好的图片效果。参考图和效果图对比如图10-12所示。

图 10-12　参考图和效果图对比

★ 专 家 提 醒 ★

在对商品图片进行 AI 绘画时，用户可以根据自身需求选择绘画方式。如果要对商品进行设计，可以先通过“文生图”将想法变成具体的图片，再通过垫图对图片进行调整；如果自己能提供商品的图片，但是需要对图片进行优化，可以直接将自己手上的图片作为参考图，生成相关的图片，再选择相对满意的图片进行调整，获得更好的图片效果。

10.2.1　生成参考图

扫码看教学视频

如果用户对要生成的商品图片有一个大概的想法，可以通过提示词对商品图片进行描述，利用可灵AI平台生成相关的图片，为接下来的AI绘画提供具体的参考，具体操作步骤如下。

步骤 01 在“AI图片”页面中，在“创意描述”板块的文本框中输入提示词，描述AI绘画的图片信息，在“参数设置”板块中设置图片的比例和生成数量等信息，单击“立即生成”按钮，如图10-13所示，进行商品图片的绘制。

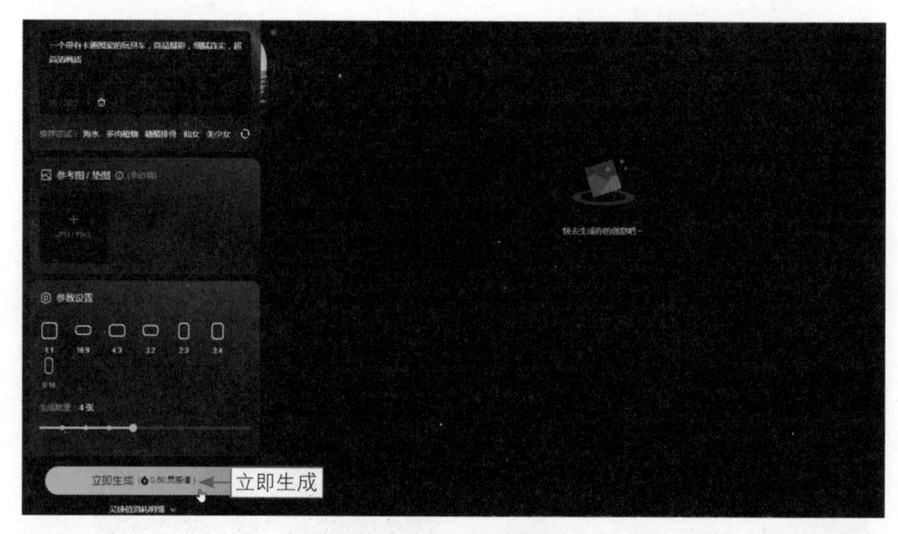

图 10-13　单击“立即生成”按钮

步骤 02 随后，可灵AI平台即可根据输入的提示词和设置的参数生成相关的图片，将鼠标指针放置在对应的图片上，单击“画质增强”按钮，如图10-14所示，增强该图片的画质。

图 10-14　单击“画质增强”按钮

步骤 03 执行操作后，可灵AI平台会对所选的商品图片单独进行画质增强，并生成一张参考图，如图10-15所示。

图 10-15　生成一张参考图

10.2.2　通过垫图进行绘画

扫码看教学视频

将自己的想法变成参考图之后，用户可以通过垫图进行绘画，在参考图的基础上生成更加满意的图片，具体操作步骤如下。

步骤 01 将鼠标指针停留在增强画质的图片上，单击“垫图”按钮，如图10-16所示，将该图作为参考图使用。

图 10-16　单击“垫图”按钮

步骤 02 如果“参考图/垫图”板块中出现了增强画质的图片，就说明成功将该图片作为参考图了，调整提示词，设置相关参数，单击“立即生成”按钮，如图10-17所示，即可将增强画质的图片作为参考图生成新的图片。

图 10-17　单击“立即生成”按钮

步骤 03 执行操作后，可灵AI平台即可通过垫图进行AI绘画，生成相关的图片，如图10-18所示。

图 10-18　生成相关的图片

10.2.3　调整并下载图片

扫码看教学视频

如果对垫图后生成的图片不太满意，用户可以对图片的生成信息进行调整，获得更符合自身需求的图片，并将满意的图片下载至电脑中的相应位置，具体操作如下。

步骤01 调整提示词，单击“立即生成”按钮，如图10-19所示，再次进行图片的生成。

图 10-19 单击“立即生成”按钮

步骤02 执行操作后，即可使用调整后的提示词进行AI绘画，生成相关的图片，将鼠标指针放置在对应的图片上，单击“画质增强”按钮，如图10-20所示，增强该图片的画质。

图 10-20 单击“画质增强”按钮

步骤03 执行操作后，可灵AI平台会对所选的图片单独进行画质增强，并生成一张更加清晰的图片，如图10-21所示。

图 10-21　生成一张更加清晰的图片

步骤 04 如果用户对画质增强后的图片比较满意，可以将其下载至自己的电脑中。具体来说，用户只需将鼠标放置在增强画质的图片的按钮上，在弹出的列表中选择“无水印下载”选项，如图10-22所示，并根据提示进行操作，即可将图片下载至电脑中的相应位置。

图 10-22　选择“无水印下载”选项

第11章 借助历史图片绘画的实战技巧

历史图片，就是曾经在可灵AI中生成的且没有删除的图片。参考历史图片进行绘画，就是将历史图片作为参考图生成新的图片。本章将结合两个具体的案例，为大家讲解借助历史图片绘画的实战技巧。

11.1 实战案例 1：猫人走秀图片的绘画

【效果对比】：在可灵AI平台中，用户可以充分发挥自己的想象力，生成更多具有创意的图片。例如，很多模特在走T台时用的都是猫步，用户在生成图片时，可以在此基础上发挥想象力，生成猫人形象（猫头人身的形象）的模特。参考图和效果图对比如图11-1所示。

图 11-1 参考图和效果图对比

11.1.1 生成猫人走秀的历史图片

扫码看教学视频

借助历史图片进行绘画，需要先生成历史图片。在可灵AI平台中生成的图片即可作为历史图片使用。因此，用户只需根据需求先在可灵AI平台中生成相关的图片即可，下面介绍具体的操作步骤。

步骤 01 在“AI图片”页面中，在“创意描述”板块的文本框中输入提示词，描述AI绘画的图片信息，在“参数设置”板块中设置图片的比例和生成数量等信息，单击“立即生成”按钮，如图11-2所示，进行猫人走秀图片的生成。

图 11-2　单击"立即生成"按钮

步骤 02 随后，可灵AI平台即可根据输入的提示词和设置的参数生成相关的图片，将鼠标指针放置在对应的图片上，单击"画质增强"按钮，如图11-3所示，增强该图片的画质。

图 11-3　单击"画质增强"按钮

步骤 03 执行操作后，可灵AI平台会对所选的猫人走秀图片单独进行画质增强，并生成一张图片作为历史图片，如图11-4所示。

★ 专 家 提 醒 ★

在借助历史图片进行生图时，可能出现对历史图片的部分内容不满意的情况。对此，用户可以先将相对满意的图片作为要借助的历史图片，再通过提示词的调整，对图片的效果进行优化。

图 11-4　生成一张历史图片

11.1.2　借助历史图片进行绘画

扫码看教学视频

有了历史图片，用户就可以将历史图片作为参考图进行绘画，生成相关的AI图片，具体操作步骤如下。

步骤 01 进入可灵AI平台的“AI图片”页面，单击“参考图/垫图”板块中的JPG/PNG按钮，在弹出的“参考图/垫图”对话框中，单击“历史作品”按钮，如图11-5所示，进行选项卡的切换。

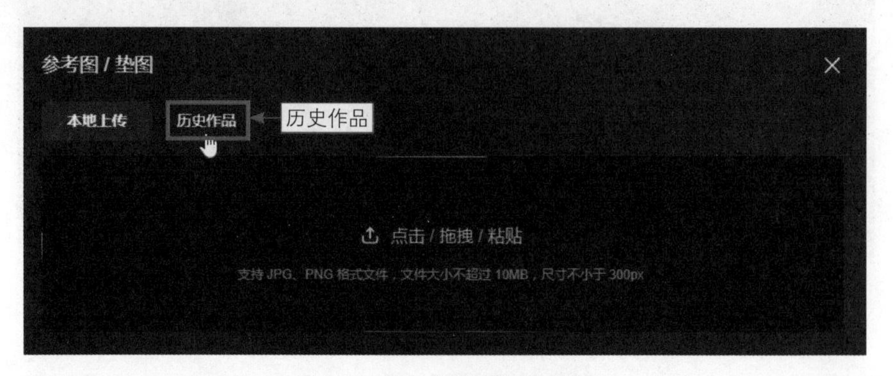

图 11-5　单击“历史作品”按钮

步骤 02 切换至“历史作品”选项卡，在该选项卡中选择需要上传的历史作品，如图11-6所示。

步骤 03 展开下一级，选择需要上传的图片素材，单击“确定”按钮，如图11-7所示，确定上传该图片素材。

图 11-6　选择需要上传的历史作品

图 11-7　单击“确定”按钮

步骤 04 返回“AI图片”页面，如果“参考图/垫图”板块中显示刚刚选择的图片素材，就说明该图片素材上传成功了。在“参考图/垫图”板块中调整历史图片的“参考强度”参数，在“创意描述”板块的文本框中输入提示词，如图11-8所示，描述AI绘画的图片信息。

步骤 05 在“参数设置”板块中设置图片的比例和生成数量等信息，单击

“立即生成”按钮，如图11-9所示，进行图片的生成。

图 11-8 输入提示词

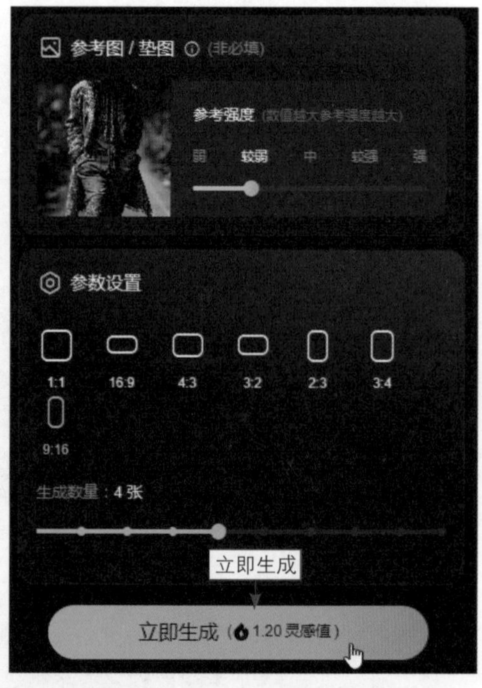

图 11-9 单击“立即生成”按钮

步骤 06 随后，可灵AI平台即可根据所选的历史图片生成相关的图片，如图11-10所示。

图 11-10 根据所选的历史图片生成相关的图片

11.1.3　调整并下载图片

扫码看教学视频

如果用户对借助历史图片进行绘画之后生成的图片不太满意，可以对生成信息进行调整，引导可灵AI平台生成效果更好的图片，并将图片下载至电脑中的相应位置，具体操作步骤如下。

步骤 01 根据自身需求，对图片的生成信息进行调整，单击“立即生成”按钮，如图11-11所示，进行图片的生成。

图 11-11　单击“立即生成”按钮

步骤 02 随后，可灵AI平台即可根据调整的信息生成相关的图片，将鼠标指针放置在对应的图片上，单击“画质增强”按钮，如图11-12所示，对该图片的画质进行增强。

图 11-12　单击“画质增强”按钮

步骤 03 执行操作后，可灵AI平台会对所选的图片单独进行画质增强，生成一张更加清晰的图片，如图11-13所示。

图 11-13　生成一张更加清晰的图片

步骤 04 如果用户对画质增强后的图片比较满意，可以将其下载至自己的电脑中。具体来说，用户只需将鼠标指针放置在增强画质的图片的下载按钮上，在弹出的列表中选择“无水印下载”选项，如图11-14所示，并根据提示进行操作，即可将图片下载至电脑中的相应位置。

图 11-14　选择“无水印下载”选项

★ 专 家 提 醒 ★

生成人身动物脸的形象时，可能会出现人物面部模糊的情况。用户需要仔细观察，选择合适的图片作为最终的效果图。

11.2　实战案例 2：卡通手办图片的绘画

【效果对比】：对于那些喜欢卡通手办的用户，借助可灵AI平台进行绘画，是获得相关图片的一种有效方式。例如，用户可以先通过“文生图”生成图片作为历史图片，再将历史图片作为参考图生成效果图。参考图和效果图对比如图11-15所示。

图 11-15　参考图和效果图对比

★ 专 家 提 醒 ★

卡通手办就是指以卡通（如动画、漫画、游戏等）角色为原型，经过设计、制作、涂装等工序后形成的，可以供人们观赏、收藏或把玩的模型玩具。这些手办通常具有精美的外观、精细的做工和独特的造型，是卡通迷和手办爱好者们的心头好。

11.2.1　生成卡通手办的历史图片

扫码看教学视频

在借助历史图片制作卡通手办图片时，用户需要先通过如下操作生成历史图片，为后续的操作提供一张参考图。

步骤 01 在“AI图片”页面中，在“创意描述”板块的文本框中输入提示词，描述AI绘画的图片信息，在“参数设置”板块中设置图片的比例和生成数量等信息，单击“立即生成”按钮，如图11-16所示，进行卡通手办图片的生成。

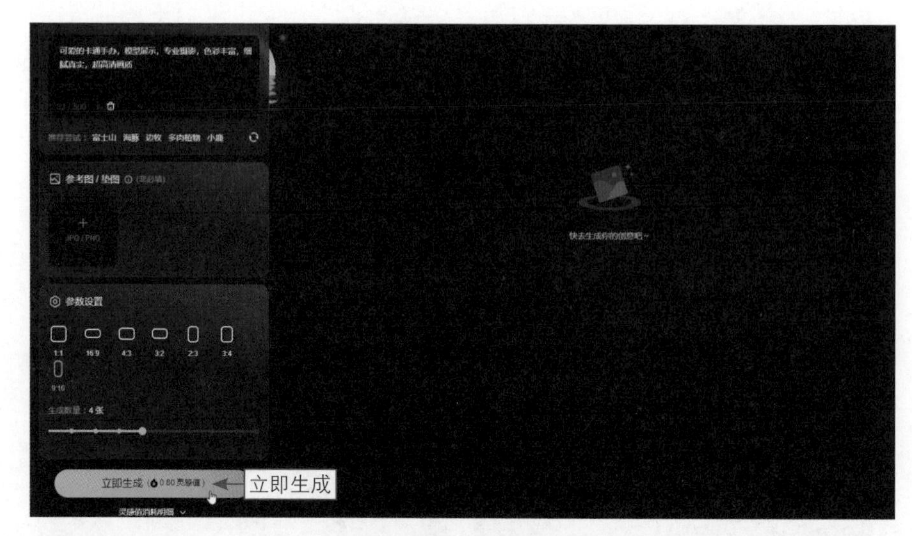

图 11-16　单击“立即生成”按钮

步骤 02 随后，可灵AI平台即可根据输入的提示词和设置的参数生成相关的图片，将鼠标指针放置在对应的图片上，单击“画质增强”按钮，如图11-17所示，增强该图片的画质。

图 11-17　单击“画质增强”按钮

步骤 03 执行操作后，可灵AI平台会对所选的卡通手办图片单独进行画质增强，生成一张图片作为历史图片，如图11-18所示。

图 11-18　生成一张历史图片

11.2.2　借助历史图片进行绘画

扫码看教学视频

利用可灵AI平台生成卡通手办的历史图片之后，用户只需将历史图片作为参考图进行AI绘画即可，具体操作步骤如下。

步骤 01 将历史图片添加至“参考图/垫图”板块中，调整历史图片的“参考强度”参数，设置图片的生成信息，单击“立即生成”按钮，如图11-19所示，进行图片的生成。

图 11-19　单击“立即生成”按钮

步骤 02 随后，可灵AI平台即可根据所选的历史图片生成相关的图片，如图11-20所示。

图 11-20　根据所选的历史图片生成相关的图片

11.2.3　调整并下载图片

扫码看教学视频

当借助历史图片进行绘画生成的图片效果不佳时，用户可以对生成信息略作调整，优化可灵AI平台的绘画效果，并将满意的图片下载至电脑中的相应位置，具体操作步骤如下。

步骤 01 根据自身需求，对图片的生成信息进行调整，单击“立即生成”按钮，如图11-21所示，进行图片的生成。

图 11-21　单击“立即生成”按钮

步骤 02 随后，可灵AI平台即可根据调整的信息生成相关的图片，将鼠标指针放置在对应的图片上，单击“画质增强”按钮，如图11-22所示，对该图片的画质进行增强。

图 11-22　单击“画质增强”按钮

步骤 03 执行操作后，可灵AI平台会对所选的图片单独进行画质增强，生成一张更加清晰的图片，如图11-23所示。

图 11-23　生成一张更加清晰的图片

步骤 04 如果用户对画质增强后的图片比较满意，可以将其下载至自己的电脑中。具体来说，用户只需将鼠标指针放置在增强画质图片的[下载图标]按钮上，在弹出的列表中选择“无水印下载”选项，如图11-24所示，并根据提示进行操作，即可将图片下载至电脑中的相应位置。

图 11-24　选择“无水印下载”选项

★ 专 家 提 醒 ★

借助历史图片进行绘画时，历史图片的参考强度会对 AI 绘画的效果产生极大的影响。无论是太弱的参考强度，还是太强的参考强度，都可能会让最终生成的图片与历史图片产生很大的差异。

第12章　图文结合绘画的实战技巧

图文结合绘画，是指上传图片之后，输入提示词对要生成的图片内容进行描述，让可灵AI根据上传的图片和输入的提示词进行绘画。在可灵AI手机版和网页版中，用户都可以通过图文结合的方式进行绘画。本章将结合具体的案例，为大家讲解通过图文结合进行绘画的实战技巧。

12.1 可灵 AI 手机版的图文结合绘画

【效果对比】：借助快影App的“AI作图”功能，用户不仅可以自由创作多种类型的图片，还可以进行个人头像的定制。定制个人头像，就是上传图片，并输入提示词，将上传的图片作为参考图，绘制个人头像。参考图和个人头像效果图对比如图12-1所示。

图 12-1 参考图和个人头像效果图对比

12.1.1 设置图片生成信息

在快影App中定制个人头像时，用户需要对图片的生成模式和生成的图片内容等信息进行设置，具体操作步骤如下。

扫码看教学视频

步骤 01 打开快影App，进入“AI创作”界面，点击“AI作图”板块中的“定制头像”按钮，如图12-2所示，切换AI作图模式。

步骤 02 点击“AI作图”板块中的“立即体验”按钮，如图12-3所示，启用“AI作图”功能。

步骤 03 进入“AI作图”界面的“定制头像”选项卡，点击“生成风格”板块中的对应按钮，调整绘画的风格，如点击“形象照”按钮，如图12-4所示。

步骤 04 执行操作后，如果“形象照”风格被选中，就说明绘画风格调整成功了。点击“画面关键词”板块中的文本框，如图12-5所示，进行提示词的输入。

图 12-2　点击“定制头像”按钮

图 12-3　点击“立即体验”按钮

图 12-4　点击“形象照”按钮

步骤 05 在“画面关键词”板块的文本框中输入提示词，如图12-6所示，即可完成图片生成信息的设置。

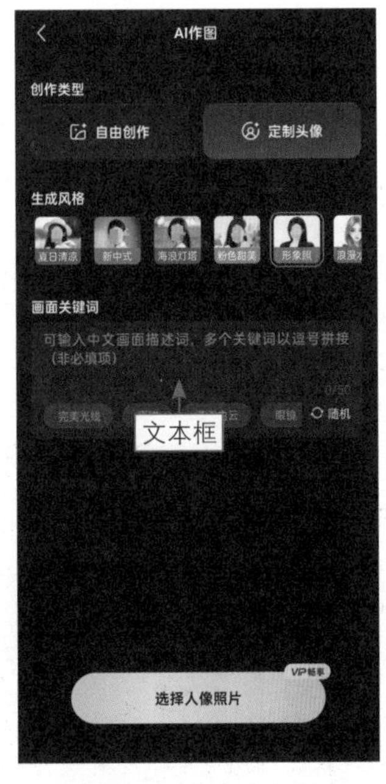

图 12-5　点击文本框

图 12-6　输入提示词

12.1.2 生成初步的图片

完成图片生成信息的设置之后，用户只需从手机相册中上传参考图，即可生成初步的图片，具体操作步骤如下。

步骤 01 在“AI作图”界面的“定制头像”选项卡中，点击“选择人像照片”按钮，如图12-7所示，进行参考图的上传。

步骤 02 进入“相册”界面，如图12-8所示，用户需要在该界面中选择一张包含人像的图片。

步骤 03 选择需要上传的图片，点击“选好了”按钮，如图12-9所示，进行参考图的上传。

步骤 04 执行操作后，快影App会根据设置的绘画风格和输入的提示词初步生成4张图片，如图12-10所示。

图 12-7　点击“选择人像照片”按钮

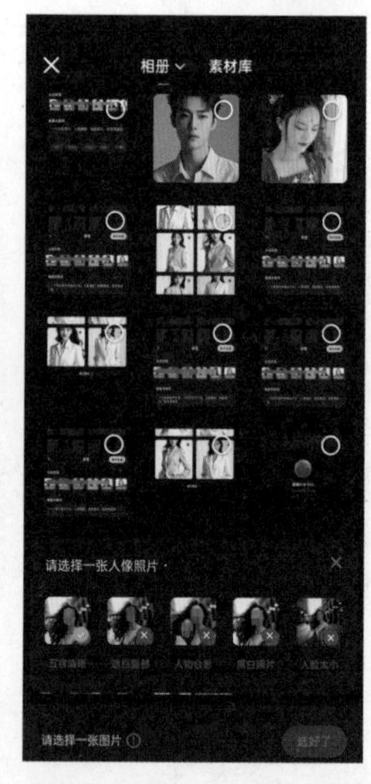

图 12-8　进入“相册”界面

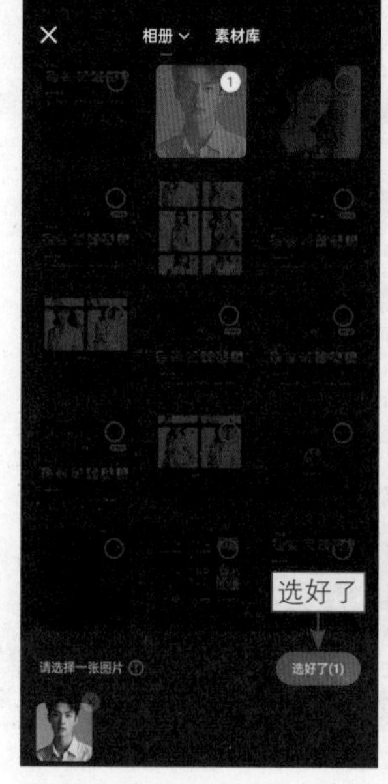

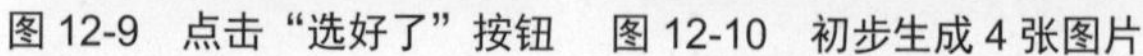

图 12-9　点击“选好了”按钮　图 12-10　初步生成 4 张图片

12.1.3　调整并下载图片

扫码看教学视频

用户可以根据自身需求对提示词进行调整，生成满意的个人形象图，并将图片下载至手机相册中，具体操作步骤如下。

步骤 01 点击“AI 作图”界面中的“调整”按钮，如图 12-11 所示，进行绘画参数的调整。

步骤 02 弹出“调整”面板，如图12-12所示。

图 12-11　点击“调整”按钮

图 12-12　弹出“调整”面板

步骤 03 在“调整”面板中调整提示词，点击“再次生成”按钮，如图12-13所示，使用调整后的信息再次进行AI绘画。

步骤 04 执行操作后，即可使用调整的提示词，重新生成4张图片。如果用户对生成的这4张图片不太满意，可以点击“展示更多”按钮，如图12-14所示，生成更多的图片。

图 12-13　点击“再次生成”按钮

图 12-14　点击“展示更多”按钮

步骤 05 执行操作后，即可使用调整后的绘画信息，再次生成4张图片，点击满意的图片，如图12-15所示，放大图片效果。

步骤 06 执行操作后，即可查看图片的放大效果，如图12-16所示。

步骤 07 如果用户对该图片比较满意，可以选中“选择”复选框，点击下载按钮，如图12-17所示，将图片下载至手机相册中。

图 12-15 点击满意的图片

图 12-16 查看图片的放大效果

图 12-17 点击下载按钮

★ 专 家 提 醒 ★

在使用快影App的“AI作图”功能生成图片时，可能会出现人物手指异常、面部扭曲的情况。对此，用户可以更换参考图，重新进行图片的生成；也可以使用同样的信息，多次进行图片的生成，并从中选择相对满意的图片。

另外，由于快影App的“AI作图”功能还不够完善，因此可能会出现一些异常情况。例如，“AI作图”的图片生成数量默认为4张，但是有时候可能只生成了3张图片。

12.2 可灵AI网页版的图文结合绘画

【效果对比】：在可灵AI平台的“AI图片”页面中，用户可以通过图文结合的方式进行AI绘画。例如，用户可以上传自己的生活照，并输入提示词，生成自己的漫画形象。参考图和漫画形象对比如图12-18所示。

图 12-18　参考图和漫画形象对比

12.2.1　设置图片生成信息

扫码看教学视频

在可灵AI平台中使用参考图进行绘画时，用户通常需要上传参考图，并对提示词和参数等图片生成信息进行设置。下面讲解具体的操作步骤。

步骤 01 进入可灵AI平台“AI图片”页面，单击“参考图/垫图”板块中的JPG/PNG按钮，如图12-19所示，进行参考图的上传。

图 12-19　单击 JPG/PNG 按钮

步骤 02 弹出“参考图/垫图”对话框，在该对话框的“本地上传”选项卡中，单击“点击/拖拽/粘贴”按钮，如图12-20所示，进行本地图片的上传。

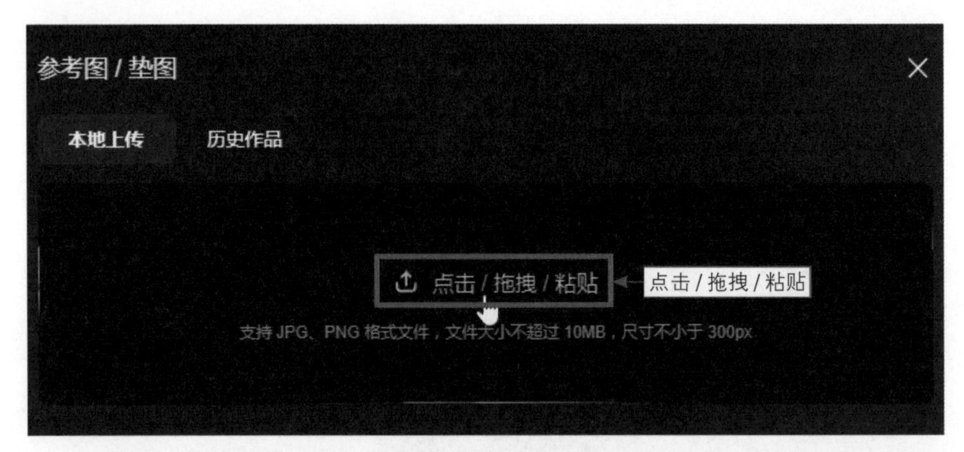

图 12-20　单击“点击 / 拖拽 / 粘贴”按钮

步骤 03 弹出“打开”对话框，在该对话框中选择要上传的图片，单击“打开”按钮，如图12-21所示，确定将该图片作为参考图上传。

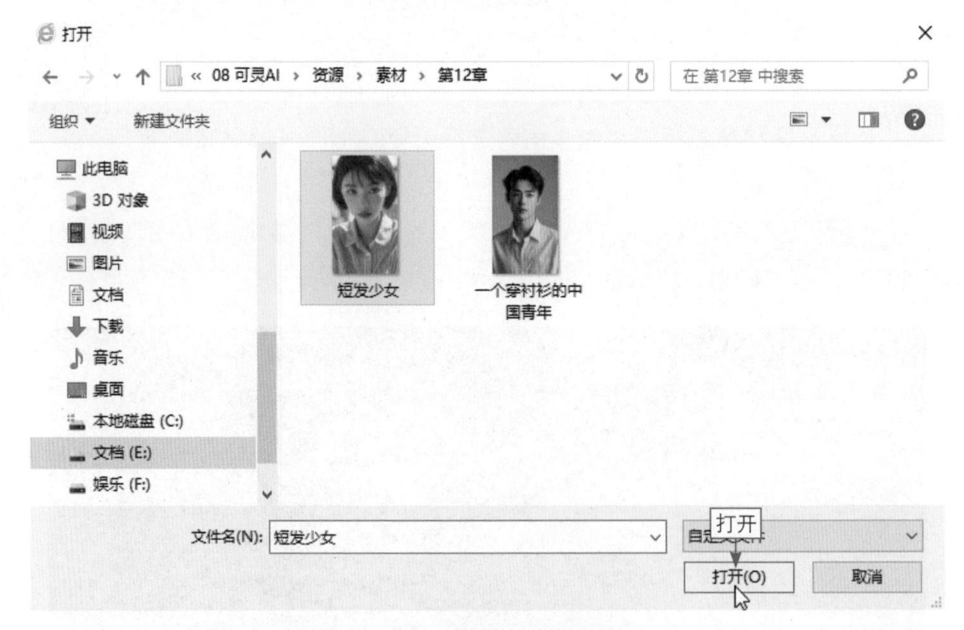

图 12-21　单击“打开”按钮

步骤 04 返回AI图片页面，如果“参考图/垫图”板块中显示刚刚选择的图片，就说明参考图上传成功了，如图12-22所示。

步骤 05 将鼠标指针放置在滑块上，按住鼠标左键拖曳该滑块，如图12-23所示，调整参考图的参考强度。

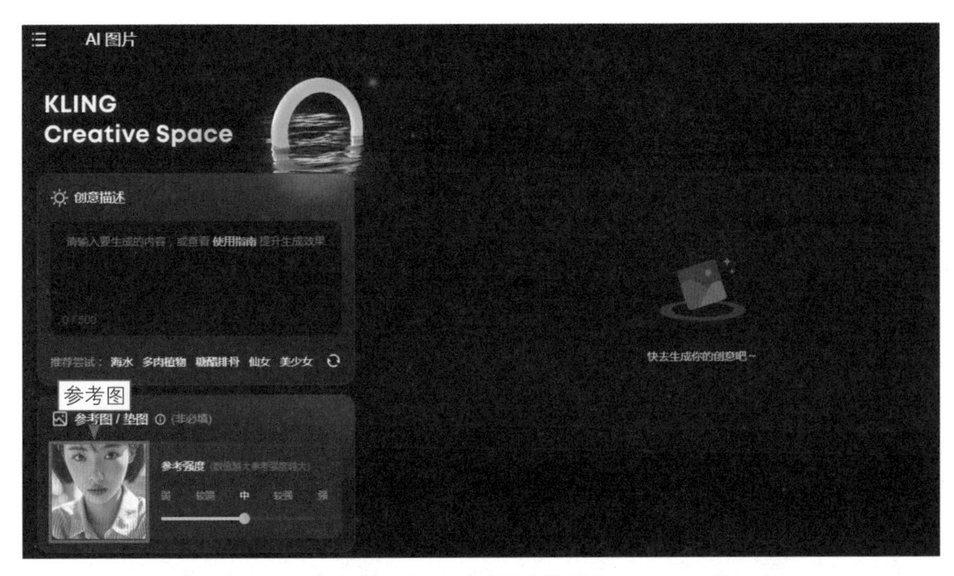

图 12-22　参考图上传成功

图 12-23　按住鼠标左键并拖曳滑块

步骤 06 在“创意描述”板块的文本框中输入提示词，如图12-24所示，描述AI绘画的图片信息。

步骤 07 在“参数设置”板块中设置图片的比例和生成数量等信息，完成图片生成信息的设置，如图12-25所示。

图 12-24　在文本框中输入提示词

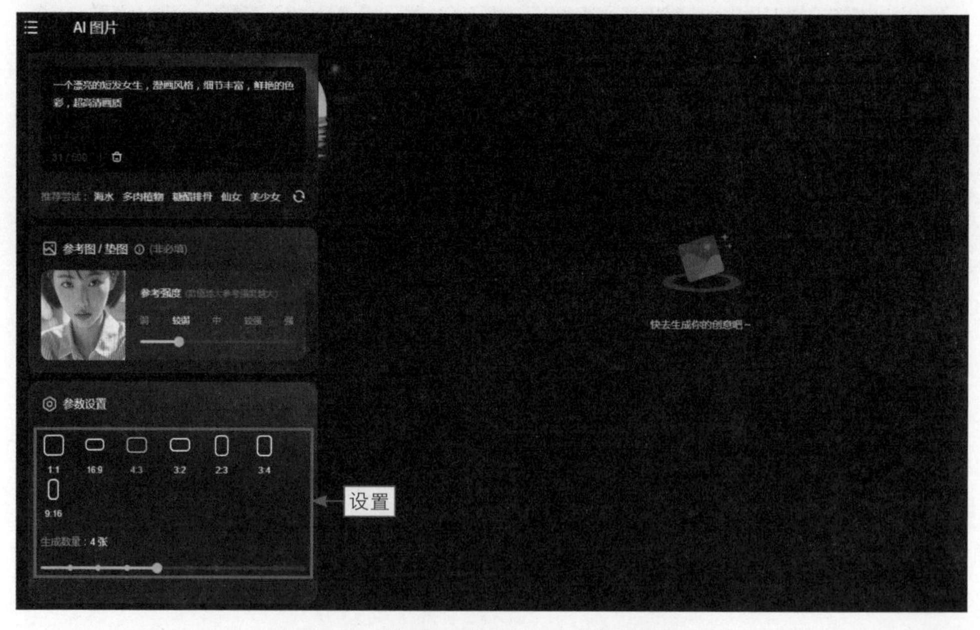

图 12-25　设置图片的比例和生成数量等信息

12.2.2　生成初步的图片

扫码看教学视频

根据自身需求设置好图片的生成信息之后，用户可以通过如下操作，生成初步的图片。

步骤 01 单击“AI图片”页面左下方的“立即生成”按钮，如图12-26所示，进行图片的生成。

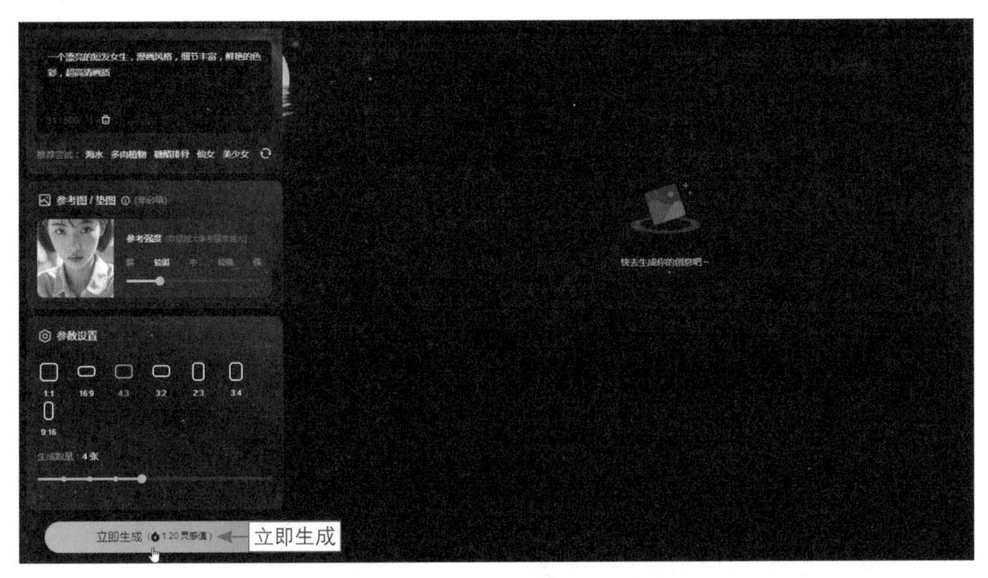

图 12-26　单击“立即生成”按钮

步骤 02 执行操作后，可灵AI平台即可根据设置的信息初步生成图片，如图12-27所示。

图 12-27　初步生成图片

12.2.3 调整并下载图片

扫码看教学视频

如果对初步生成的图片不太满意，用户可以对生成信息进行调整，以获得更加满意的图片，并将图片下载至电脑中的默认位置，具体操作步骤如下。

步骤 01 在“创意描述”文本框中调整提示词，单击“立即生成”按钮，如图12-28所示，进行图片的生成。

图 12-28 单击“立即生成”按钮

步骤 02 执行操作后，可灵AI平台即可使用调整后的提示词，重新生成图片，如图12-29所示。

图 12-29 重新生成图片

步骤 03 如果生成了满意的图片，可以将鼠标指针放置在对应的图片上，单击“画质增强”按钮，如图12-30所示，对该图片的画质进行增强。

图 12-30　单击“画质增强”按钮

步骤 04 执行操作后，可灵AI平台会对所选的图片单独进行画质增强，生成一张更加清晰的图片，如图12-31所示。

图 12-31　生成一张更加清晰的图片

步骤 05 如果用户对画质增强后的图片比较满意，可以将其下载至自己的电脑中。具体来说，用户只需将鼠标指针放置在增强画质的图片的下载按钮上，在弹出的列表中选择“无水印下载”选项，如图12-32所示，并根据提示进行操作，即可将图片下载至电脑中的相应位置。

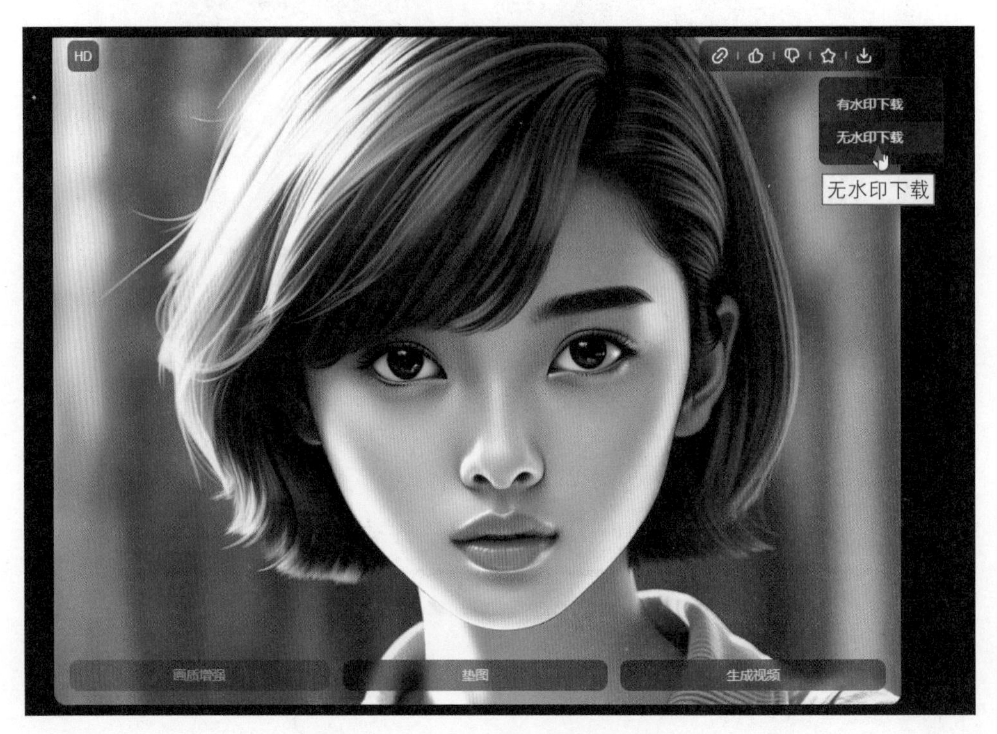

图 12-32　选择“无水印下载”选项

综合实战篇

第13章　综合实战1：老照片变视频

为了怀念逝去的青春和自己的亲朋好友，很多人都保留了一些老照片。照片只有一个固定的画面，展示的内容比较有限。对此，用户可以用老照片制作视频，将老照片变成视频。本章就来为大家讲解老照片变视频的实战技巧。

13.1 使用老照片生成视频

【效果展示】：在可灵AI平台中，用户只需上传一张老照片，并对相关信息进行设置，即可将老照片变为视频。如果对视频效果不满意，还可以对生成信息进行调整，获得更好的视频效果，如图13-1所示。

图 13-1　使用老照片生成视频

下面为大家介绍使用老照片生成视频的具体操作技巧。

步骤 01 进入“AI视频”页面的“图生视频”选项卡，单击页面左上方的“可灵 1.0”按钮，在弹出的列表中选择“可灵 1.5”选项，如图13-2所示，进行可灵模型的切换。

步骤 02 如果“AI视频”页面左侧的位置显示“可灵 1.5”，就说明可灵模型切换成功了，如图13-3所示。

★ 专家提醒 ★

除了可以直接使用老照片生成视频，用户也可以通过可灵 AI 平台以图生图或通过其他工具软件对老照片进行优化，让老照片变得更加美观、清晰。当然，需要说明的是，通过可灵 AI 平台以图生图获得的图片，与老照片原来的内容会有一些差别。

图 13-2　选择“可灵 1.5”选项

图 13-3　可灵模型切换成功

步骤03 在“图生视频”选项卡的“图片及创意描述”板块中，上传图片素材，输入提示词，如图13-4所示，对视频内容进行描述。

图 13-4　输入提示词

步骤 04 滑动页面，对视频的参数进行设置，单击“立即生成”按钮，如图13-5所示，使用“可灵1.5”模型进行视频的生成。

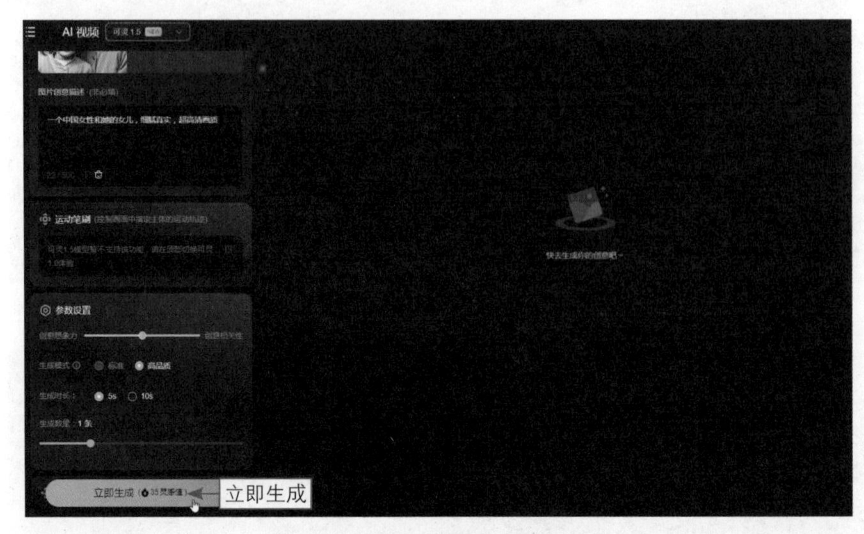

图 13-5　单击“立即生成”按钮（1）

步骤 05 执行操作后，可灵AI即可根据上传的老照片和设置的参数，生成一条视频，如图13-6所示。

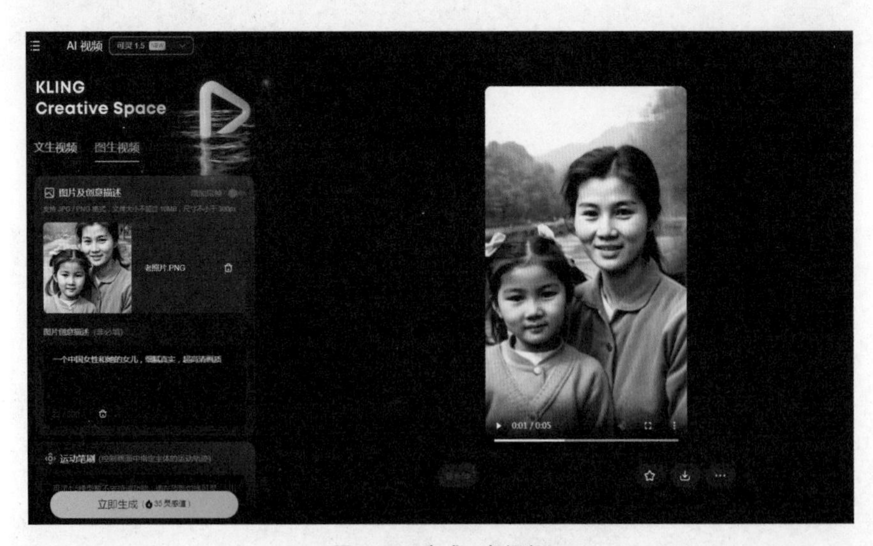

图 13-6　生成一条视频

步骤 06 如果用户对生成的视频不太满意，可以调整视频的生成信息，如将模型调整为“可灵 1.0”，调整提示词和视频的生成模式，单击“立即生成”按钮，如图13-7所示，再次进行视频的生成。

图 13-7 单击“立即生成”按钮（2）

步骤 07 执行操作后，可灵AI即可根据调整的信息，重新生成一条视频，如图13-8所示。

图 13-8 重新生成一条视频

13.2 续写视频内容

扫码看教学视频

【效果展示】：使用老照片初步获得满意的视频之后，用户可以借助可灵AI平台的“延长”功能，续写视频，效果如图13-9所示。

图 13-9　续写视频的效果

下面为大家介绍续写视频的具体操作步骤。

步骤 01 单击对应视频下方的“延长5s”按钮，在弹出的列表中选择“自动延长”选项，如图13-10所示。

图 13-10　选择“自动延长”选项

步骤 02 执行操作后，可灵AI会在原有视频的基础上，生成一条延长5秒的视频，如图13-11所示。

图 13-11　生成一条延长 5 秒的视频

步骤 03 如果用户对视频的效果比较满意，可以将鼠标指针放置在对应视频下方的按钮上，在弹出的列表中选择“无水印下载”选项，如图13-12所示，将视频下载至电脑中备用。

图 13-12　选择“无水印下载”选项

13.3 优化并下载视频

扫码看教学视频

如果用户对续写的视频比较满意，可以添加背景音乐，对视频进行优化，并将优化后的视频下载至电脑中，具体操作步骤如下。

步骤 01 将调整后的视频添加至剪映电脑版“媒体”功能区的“本地”选项卡中，单击视频右下方的“添加到轨道”按钮，将其添加至视频轨道中，单击“音频”按钮，如图13-13所示，进入对应的功能区。

图 13-13 单击“音频”按钮

步骤 02 在搜索框中输入关键词，进行音乐的搜索，单击对应音乐右下方的“添加到轨道”按钮，如图13-14所示，为视频添加背景音乐。

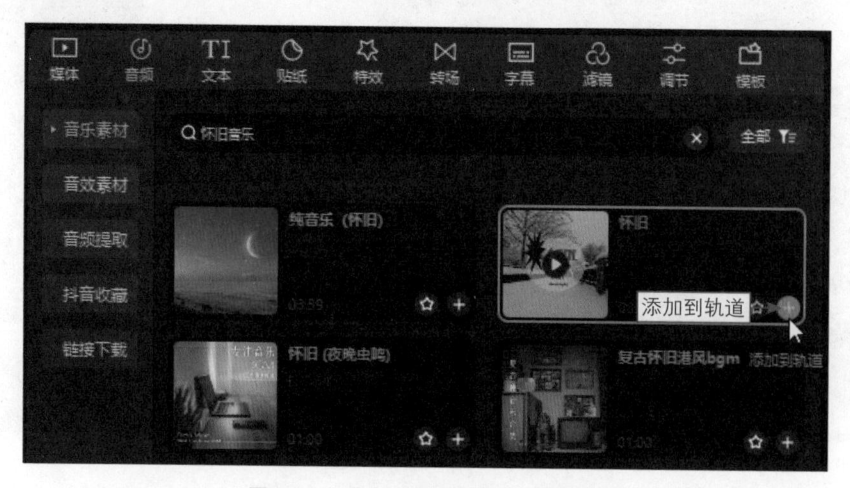

图 13-14 单击“添加到轨道”按钮

步骤03 执行操作后，即可将所选的音乐添加至音频轨道中，拖曳时间线至视频结束的位置，单击“向右裁剪”按钮，如图13-15所示，将多余的音频素材删除。

图 13-15　单击“向右裁剪”按钮

步骤04 如果用户对视频的效果比较满意，可以单击视频剪辑界面右上方的“导出”按钮，如图13-16所示，并根据提示进行相关操作，即可将视频下载至电脑中的相应位置。

图 13-16　单击“导出”按钮

第14章　综合实战2：熊猫变身大厨

使用可灵AI平台制作熊猫变身大厨视频时，用户可以先通过以文生图的形式生成相关的图片，再将合适的图片作为参考图，生成相关的视频。当然，做菜包含洗菜、切菜、炒（炖、煮）菜和盛菜等多个阶段，用户可以为每个阶段制作一个视频，并将各阶段的视频组合在一起，生成一条完整的视频。本章就以洗菜阶段为例，为大家讲解视频制作的实战技巧。

14.1　输入提示词生成图片

扫码看案例效果

扫码看教学视频

【效果展示】：在制作熊猫洗菜的视频时，用户可以在可灵AI平台的“AI图片”页面中输入相关的提示词，并设置图片的生成信息，快速生成相关的图片，效果如图14-1所示。

图 14-1　输入提示词生成的图片效果

下面向大家介绍输入提示词生成熊猫洗菜图片的具体操作步骤。

步骤 01 进入可灵AI平台的“AI图片”页面，单击“创意描述”板块中的文本框，在该文本框中输入提示词，然后根据自身需求对图片比例和生成的图片数量等参数进行设置，单击“立即生成”按钮，如图14-2所示，进行图片的生成。

步骤 02 随后，可灵AI平台即可根据输入的提示词和设置的参数，生成初步的图片，如图14-3所示。

步骤 03 根据自身需求对图片生成信息（如提示词）进行调整，单击“立即生成”按钮，如图14-4所示，进行图片的生成。

图 14-2　单击“立即生成”按钮（1）

图 14-3　生成初步的图片

图 14-4　单击“立即生成”按钮（2）

★ 专家提醒 ★

在生成熊猫洗菜的图片时，如果输入的提示词不够明确，可灵 AI 平台会随机生成各种类型的菜，其中甚至会出现一些没见过的菜。在这种情况下，用户可能无法判断图片中的菜是否出现了异常。因此，用户在调整提示词时，最好明确菜的品种，选择比较常见的菜品进行图片的生成。

步骤 04 随后，可灵AI平台即可根据调整的信息生成相关的图片，将鼠标指针放置在对应的图片上，单击“画质增强”按钮，如图14-5所示，对该图片的画质进行增强。

图 14-5　单击“画质增强”按钮

步骤 05 执行操作后，可灵AI平台会对所选的图片单独进行画质增强，生成一张更加清晰的图片，如图14-6所示，完成视频参考图的制作。

图 14-6　生成一张更加清晰的图片

14.2　使用图片生成视频

扫码看教学视频

【效果展示】：输入提示词获得满意的熊猫洗菜图片之后，用户可以直接使用该图片生成相关的视频，效果如图14-7所示。

图 14-7　使用图片生成视频的效果

下面向大家介绍使用图片生成熊猫洗菜视频的具体操作步骤。

步骤 01 将鼠标指针放在增强画质的图片上，单击“生成视频”按钮，如图14-8所示，使用该图片进行视频的生成。

图 14-8　单击“生成视频”按钮

步骤02 跳转至“AI视频”页面，如果“图生视频”选项卡的“图片及创意描述”板块中显示刚刚的图片，如图14-9所示，就说明该图片作为参考图上传成功了。

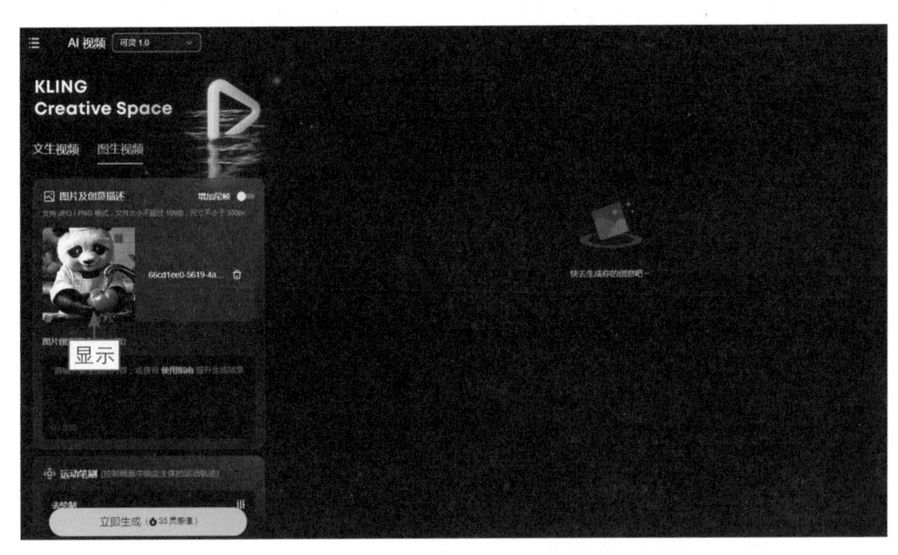

图 14-9　“图片及创意描述”板块中显示刚刚的图片

步骤03 在“图片创意描述”板块中输入提示词，描述视频内容，在“参数设置”板块中设置视频生成的相关信息，单击“立即生成”按钮，如图14-10所示，进行视频的生成。

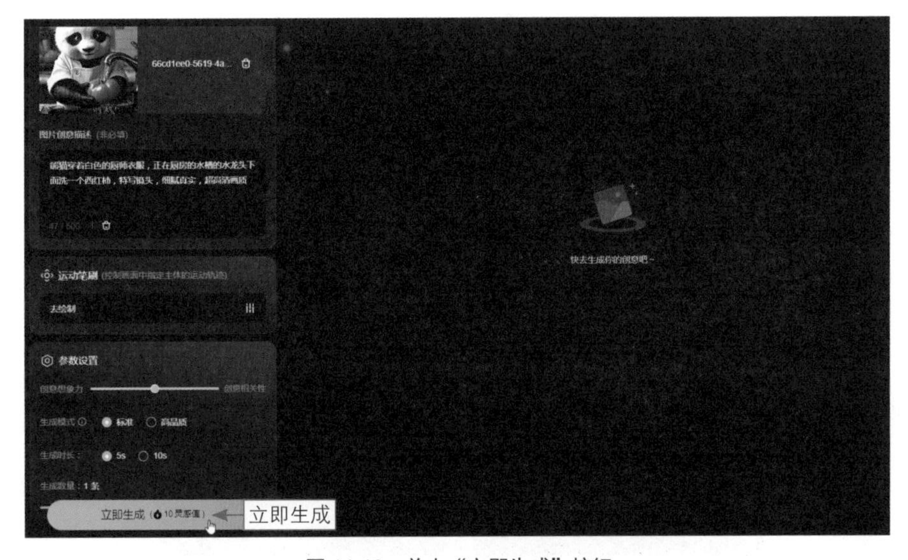

图 14-10　单击“立即生成”按钮

步骤 04 随后，可灵AI平台即可根据使用的图片、输入的提示词和设置的参数，生成一条视频，如图14-11所示。

图 14-11　生成一条视频

14.3　调整视频的效果

扫码看教学视频

【效果展示】：如果使用图片生成的第一条视频有明显的瑕疵，或者有需要改进的地方，用户可以对生成信息进行调整，以获得更好的视频效果，如图14-12所示。

图 14-12　调整视频的效果

下面向大家介绍调整熊猫洗菜视频的具体操作步骤。

步骤 01 根据自身需求对视频的生成信息进行调整，如在“不希望呈现的内容”下方的文本框中输入相关的提示词，单击“立即生成”按钮，如图14-13所示，再次进行视频的生成。

图 14-13 单击“立即生成”按钮

步骤 02 执行操作后，即可使用调整后的信息，生成一条新视频，如图14-14所示，完成视频的调整。

图 14-14 生成一条新视频

步骤 03 如果用户对视频的效果比较满意，可以将鼠标指针放置在对应视频下方的按钮上，在弹出的列表中选择“无水印下载”选项，如图14-15所示，将视频下载至电脑中备用。

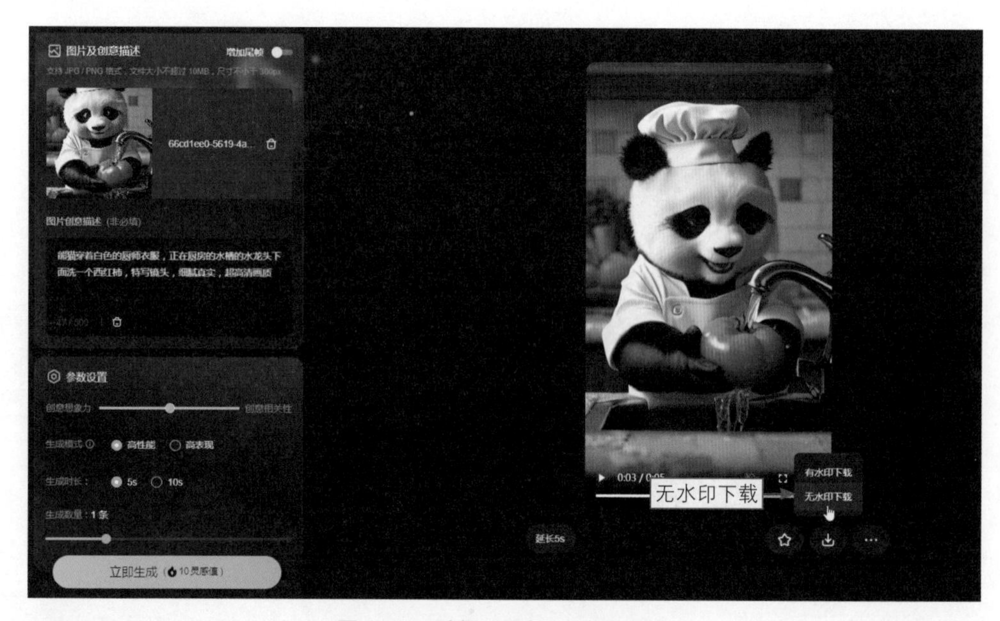

图 14-15　选择“无水印下载”选项

★ 专 家 提 醒 ★

在调整视频效果时，用户可以根据之前生成的视频内容来调整视频的生成信息。例如，在生成熊猫洗菜的视频时，如果视频中的熊猫出现了翻白眼等不恰当的表情，用户可以在“不希望呈现的内容”下方的文本框中输入对应的提示词，让可灵 AI 平台减少这类表情的出现。

14.4　优化并下载视频

扫码看教学视频

通过图生视频的方式获得满意的视频之后，用户可以通过添加背景音乐等操作，对视频的整体效果进行优化，并将优化后的视频下载至电脑中的相应位置，具体操作步骤如下。

步骤 01 将调整后的视频添加至剪映电脑版“媒体”功能区的“本地”选项卡中，单击视频右下方的“添加到轨道”按钮，将其添加至视频轨道中，单击“音频”按钮，如图14-16所示，进入相应的功能区。

步骤 02 在搜索框中输入关键词，进行音乐的搜索，单击对应音乐右下方的“添加到轨道”按钮，如图14-17所示，为视频添加背景音乐。

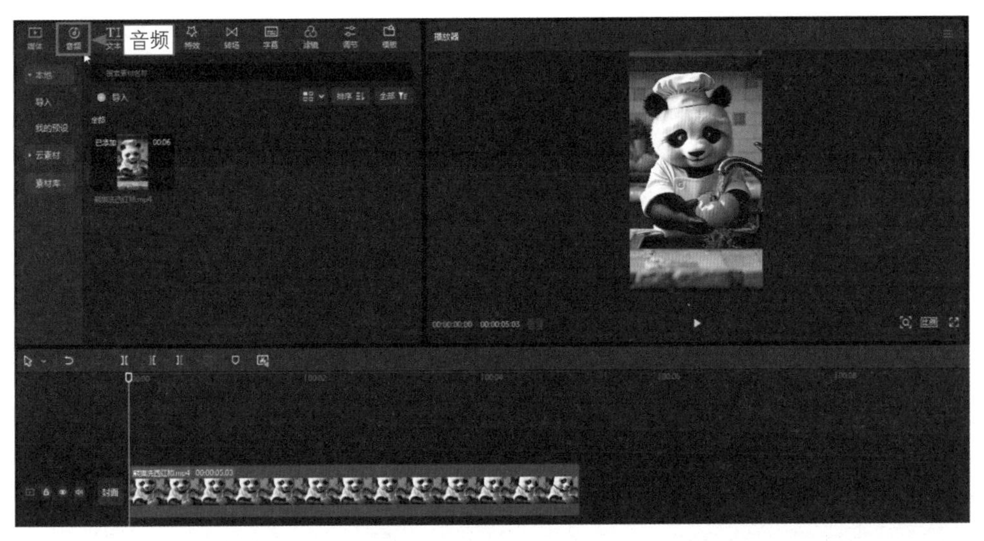

图 14-16　单击“音频”按钮

图 14-17　单击“添加到轨道”按钮

步骤 03 执行操作后，即可将所选的音乐添加至音频轨道中，拖曳时间线至视频结束的位置，单击“向右裁剪”按钮，如图14-18所示，将多余的音频素材删除。

步骤 04 如果用户对视频的效果比较满意，只需单击视频剪辑界面右上方的“导出”按钮，如图14-19所示，并根据提示进行相关操作，即可将视频下载至电脑中的相应位置。

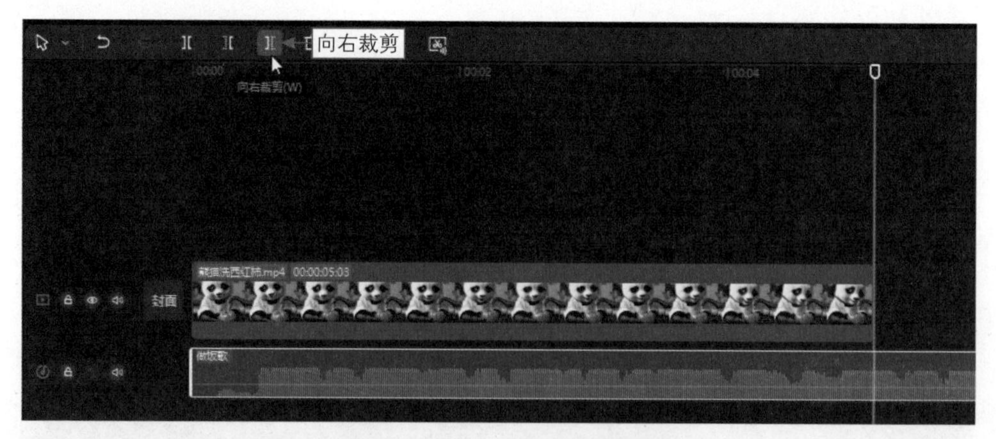

图 14-18 单击“向右裁剪”按钮

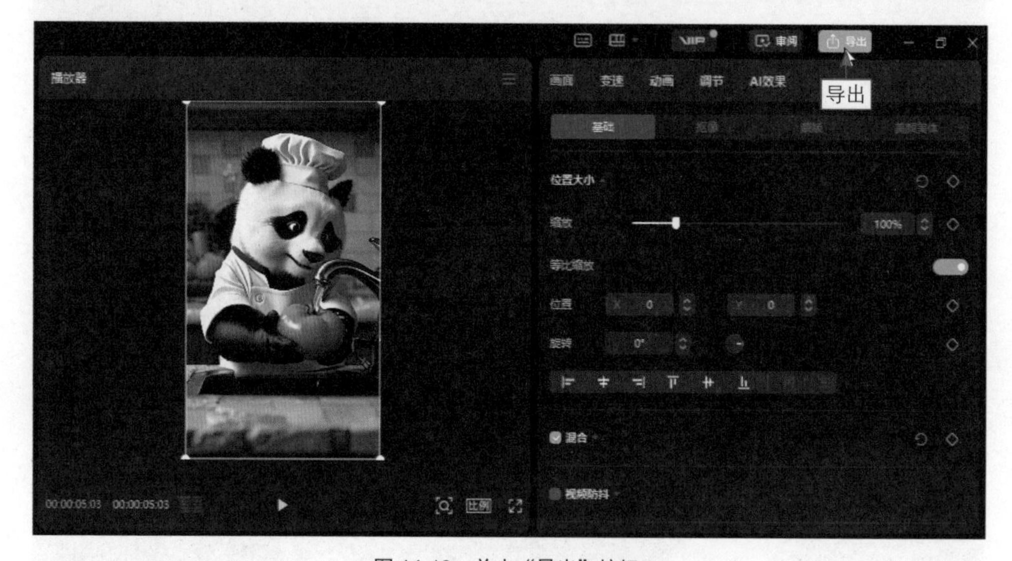

图 14-19 单击“导出”按钮

★ 专家提醒 ★

制作好熊猫洗菜的视频之后，用户可以将该视频进行单独展示，也可以再制作熊猫切西红柿、用西红柿炒蛋和将西红柿炒蛋盛进碗里的视频，并将这些视频按先后顺序进行合成，制作一个熊猫做西红柿炒蛋的完整视频。